油桐の歴史

山口隆治著

はじめに

油桐はトウダイグサ科アブラギリ属の高木で、日本に古くから生立する日本油桐、中国長江流域の湖北・湖南・山西・四川などに生立する支那油桐（漢口油桐）、中国の広東・広西などに生立する広東油桐、フィリピン諸島に生立するフィリピン油桐などがあった。日本油桐は支那油桐に比べ種子が小さく、茶実に似た球形で、明国から禅僧が日本に持ち帰ったものといわれ、古く文書には罌子桐《あぶこきり》・虎子桐《とらこきり》・荏桐《しんとう》・山桐《やまきり》・油木《あぶらき》・毒荏《どくえ》・梧榔《ころび》実などと明記された。上総・安房・伊豆・駿河・遠江国では毒荏、加賀・越前・出雲・石見国では油木・山桐、若狭・丹波・丹後国では梧榔実、伊勢国では「ダマの木」と呼称された。出雲国では、一地域で「ごろたの木」とも呼称された。なお、平成一二年（二〇〇〇）に発掘された石川県加賀市「直下遺跡」の小川跡からは、一三世紀の漆器・杓子・古銭・北宋銭・茶実・栃実・桃実などとともに油桐実が出土しており、日本油桐は日本固有のものであった可能性が強い（『石川県埋蔵文化センター年報・第八号』）。
油桐には結実が多く生長が遅い雌木と結実が少なく生長が速い雄木があり、静岡・石川・福井・島根県・京都府などでは前者を「成木」、後者を「花木」「花咲き」と呼称した。これは昭和二〇～三〇年まで福井・島根・千葉・石川県などをはじめ、静岡・三重・滋賀・鳥取・高知・熊本・宮崎・鹿児島県などでも栽培された。昭和九年（一九三四）には全国の総生産高が一八五〇トンで、そのうち福井県が一〇五〇トン（五七％）、島根県が四九九トン（二七％）を占めていた。

油脂は日常生活の必需品として長い歴史をもち、原材料も実に多いにも拘わらず、油脂の史的な研究はほとんどみられない。油脂は原材料から植物油・動物油・魚油・石油に大別されるが、このなかでは植物油が最も広く使用されてきた。植物油は桐油・荏油・亜麻仁油などの乾性油（工業用）、菜種油・胡麻油・綿種油・大豆油などの半乾性油（食用・灯油・潤滑油など）、椿油・落花生油などの不乾性油（食用・鬢附用など）に分類された。本書で扱う桐油は油桐実を搾ったもので、その生産地には偏りがあり、菜種油・荏油などに比べて生産量も僅かであった。

桐油は中世末期に近江国菅浦や海津で、江戸時代に若狭国をはじめ、越前・出雲・石見・但馬・丹波・加賀・上総・安房・伊豆・駿河・遠江・紀伊国などでも生産された。これは「木の実油」「ころび油」「ごろた油」「あかし油」「桐水」「毒荏油」などと呼ばれ、主に灯油や害虫駆除油、他に雨合羽・唐傘・桐油障子紙・油団などの塗料として利用された。なお、「政隣記」の安永四年（一七七五）閏一二月条には「木実油者食物に難用、燈火に而たばこ給候儀も不宜旨等」とあり（『加賀藩史料』・第九編）、桐油は毒性が強かったため、食用だけでなく、煙草《たばこ》の火付にも使用できなかった。

明治二〇年代には石油ランプが全国に普及し、油桐畑が放棄され、油桐が下駄や研磨用の炭材として多く伐採されたため、桐油の需要が激減した。しかし、同三〇年代からは工業用の乾性油（機械油・塗油・印刷インキ・エナメル・人造ゴムなど）として再び注目されるようになった。その後、これは各県で増産されたものの、太平洋戦争中に衰退し、最後まで生産していた福井県でも昭和四一年（一九六六）に終焉となった。

本書では、日本各地における中世末期から昭和二〇年代までの油桐実と桐油の生産量を考察したい。具体的には、第一章「明治以前の油桐」と第二章「明治以降の油桐」に分け、それぞれ主要産地における油桐実と桐油の生産量、桐油の販売や用途について究明したい。なお、『大音家文書』（福井県三方上中郡若狭町神子）には、天正期（一五七三〜九一）から明治前期に至る油桐（ころび）史料が多くみられるので、ぜひ参照されたい。

最後に、北条浩氏（元帝京大学教授）、高沢裕一氏（元金沢大学教授）、岡田孝雄氏（元敦賀短期大学講師）をはじめ、多くの方々から御援助・御教示を得たこと、また出版にあたっては桂書房の勝山敏一氏に一方ならぬお世話になったことを深く感謝する次第である。

二〇一六年一二月

著　者

目次

図表一覧

第一章第一節

第二章第一節

第二章第二節

油桐実（福井県三方上中郡若狭町神子にて撮影）

第一章　明治以前の油桐

第一節　油桐の産地

中世・近世の灯油は、胡麻・荏・菜種・綿実などの油料作物を原料とした植物油が中心であった。近世には中世の主要な油料作物であった胡麻・荏に代わって、菜種・綿実を原料とした菜種油・綿実油が中心となり、菜種油は「種油」「水油」などと、綿実油は「白油」と呼ばれた。このほか、近世には胡麻油・荏油をはじめ、桐油・榧《たぶ》油・榧《かや》油・椿油などが灯油として使用された。木実油は種類が多く、桐油・榧油・榧油・椿油などのほか、櫨《はぜ》実油・漆実油・榛《はしばみ》実油なども生産された。このうち、榛実油は古代に遡って魚油・鯨油などとともに多く使用されたものの、近世にはほとんど生産されなかった。

近世の搾油法は「立木」と呼ばれる一種の楔《くさび》を応用した人力の圧搾法であったが、菜種の粉末には水車が用いられた。菜種油の産地は、近畿や西国の菜種を集荷できる立地条件を生かした大坂とその周辺が中心であった。大坂は人力搾りであったが、周辺の在郷町は水車搾りを採用していた。とくに、兵庫灘目は六甲山系の水力を利用した水車搾りによって、全国的な灯油の一大供給地となっていた。関東では、江戸後期に至って菜種の人力搾りや綿実の水車搾りが開始された。なお、油桐の果実は大きさ二〜三チセンほどの角張った球状で、一般に三個の種子が入っており、この種子一斗（一リットル↓約五〇〇〇個）から桐油が約四升とれた。

近世の油桐実および桐油について、諸国の生産状況を概観しよう。伊予国宇和郡土居の大森城主土居清良《きよよし》の家臣土居水也《すいや》が江戸初期（寛永五年説あり）に著した軍記物『清良《せいりょう》記』（全三〇巻）の第七巻である『親民鑑月集《しんみんかんげつしゅう》』には、同期に椿・漆・櫨・榧などとともに油桐が宇和郡一帯で栽培されていたことを記す（『日本農書全集10』）。また、阿波国の郷士砂川野水が享保八年（一七二三）に著した『農術鑑正記』には、「此二木（唐蠟《とうろう》・荏桐《あぶらぎり》）ハ、甚《はなはだ》厚利《こうり》の物ゆへ、挙世植付《よこそつてうへつけ》、重宝の木ゆへ図を出せり。中国には種《たね》多し。四国辺には希有《まれ》也。頃年予が居所に、一円植育実熟《うえそだてみのり》たり。此鑑正記《かんしやうき》を考、植たき人々には、実にても苗にても進じ、猶栽様《うえやう》油蝋燭の製方相伝《せいほうさうでん》可申候」と記す（『日本農書全集10』）。すなわち、四国地方は中国地方に比べて油桐の栽培が少ないものの、近年、私の居住地域では盛んになって、すでに実が成るようになったという。この頃、四国地方でも唐蝋（琉球黄櫨《はぜ》）とともに油桐を栽培して、少々の利益をあげる程度になっていたようだ。

筑前国糸島郡女原村の農学者宮崎安貞が元禄一〇年（一六九七）に著した『農業全書』（全一一巻）には、桐油について次のように記す（『日本農書全集13』）。

荏桐《しんとう》、是をあぶら桐と云。実甚《みはなはだ》多くなりて、其油多し。からし油を三分一合せ、塩少入《いれ》て、燈油《ともしあぶら》にして、光よく、ながく燈《とぼ》る物と云り。又雨衣《うい》（かつハ）にぬりて、無類なり。桐油《とうゆ》がつハと云ハ、今ゑのあぶらにて作《つく》れども、もと此あぶらにて仕立る物なるゆへ、器物《うつわ》を塗り、又ハ松脂《まつやに》とねり合せてハ、漆にかへ用《もち》ひて器物をぬり、船をぬる。唐人の船にちやんをかくると云ハ此物なるべし。西国にてあぶらせんと呼なり。所により油木《あぶらき》とも云となり。又虎子桐《こしとう》とも云なり。

桐油三分の二と菜種油三分の一の比率に混ぜ、塩を少し加えた灯油は、明るくて長時間灯る良質品であった。また、今の桐油合羽は荏胡麻油を多く用いているが、古くは桐油を多く用いていた。さらに、桐油を漆に加えて器物に塗り、また松脂と練り合わせて漆の代用にし、器物や船に塗った。なお、西国では油桐を「あぶらせん」といい、地域によっては「油木」「虎子桐」とも称した。

若狭国小浜町の町年寄木崎正敏が宝暦一〇年（一七六〇）に著した『拾椎雑話《しゅうすいざつわ》』には、油桐と桐油について次のように記す（『拾椎雑話・稚狭考』）。

ころひは桐の一種にて罌子桐《あぶこきり》と云、若狭の土地に宜しく、むかしより有来りしものにて山畑にあり。宝永の初より大に植ひろけ、此油他国え商物になる。大坂にて桐油といふ、北国にて若狭油と云。此実を津軽にて植れは二、三尺に生立て枯れ、佐渡にても同し。阿波の国へも所望にて遣候事あり、後にて何之左右もなし。ころひは若狭・越前・但馬・石見・出雲、近年紀伊国に多く植出せし。

油桐（ころび）は若狭国に適した産物であり、昔から山畑で栽培していたが、宝永期（一七〇四〜一〇）から栽培が益々盛んとなり、その油は大坂をはじめ、北国筋へも販売された。これは寒冷な気候の土地では生産できず、加賀国江沼郡を北限とする日本海諸国や、安房国安房郡を北限とする太平洋岸諸国の産物であり、宝暦期（一七五一〜六三）には若狭・越前・但馬・石見・出雲・紀伊国などで多く栽培されていた。なお、「ころび」は若狭国をはじめ、丹後・丹波・但馬国などで使用された名称であり、これは毒性の強い実を誤って食した人が転び倒れたことに由来するという。参考までに、各地における油桐実と桐油の名称を第1表に示す。

〔近 江 国〕（膳所藩）

近江国伊香郡菅浦庄は背後の山地が低く温暖な気候であったため、中世末期に油桐を栽培して、竹生島の神官らに寄進するとともに、領主にも年貢として上納していた。菅浦庄は平安末期に竹生島を領家とし、山門檀那院領（のち花王院領）となっていた。また、鎌

第1表　油桐実・桐油の名称

国　名	油桐名	桐　油　名
若　狭	こ ろ び	ころび油
越　前	油　　木	桐　　油
加　賀	油　　木	桐　　油、木の実油
丹　後	こ ろ び	ころび油
丹　波	こ ろ び	ころび油
但　馬	こ ろ び	ころび油
出　雲	ごろたの木	ごろた油、ころび油
石　見	どんがら	だいがんじ
駿　河	毒　　荏	毒荏油
遠　江	毒　　荏	毒荏油
上　総	毒　　荏	毒荏油
安　房	毒　　荏	毒荏油
伊　勢	だまの木	だま油

※『油桐ノ造林法並桐油ノ調査』および各県市町村史により作成。なお、出雲では油桐を山桐とも称した。

倉時代には禁裡供御人として活躍し、南北朝以降は守護代目賀田左衛門入道浄西の雑掌の支配にも属した。さらに、大永・享禄期には京極氏、天文・永禄期には浅井氏の支配下にあった。その後、近世に入って暫くは不明であるが、慶安四年（一六五一）からは膳所《ぜぜ》藩領となった。膳所藩は慶長六年（一六〇一）に成立した譜代中藩（藩祖戸田一西《かずあき》）であり、近江国滋賀・栗太・甲賀・浅井・伊香郡および河内国錦部・石川・丹南郡などを領有した。次に、天文三年（一五三四）の「請取申油之事」と元亀二年（一五七二）の「請取米之事」を示す（『菅浦文書』・下巻）。

①請取申油之事

合六合
右請取申候処、如件
天文三年十二月十六日　　　　　　嶋圓城坊（花押）
菅浦弥源次　進之候

②請取米之事
合拾壱石貳斗二升三合者、但上定也
合壱石八斗者、但わた三百目分也
右年中ニ請取物共さん用候て、春成分ニ引申候て如此相残候、秋成ニさん用可申候、如此候、如　件
元亀二年十一月廿九日　　　　木工助（花押）
菅浦惣中
合六石五斗者上分　あふらミ八合升ノ十石分也
合壱石八斗一升六合者　小四郎取かへ遣、あふらミ分ニ、これも上也
元亀二年十一月廿九日　　　　木工助（花押）

菅浦惣中

右①②のように、伊香郡菅浦では中世末期に油桐実や桐油を生産して、竹生島の円城坊に寄進し、領主の浅井亮政（代官浅井井伴）にも上納していた。元亀二年の「菅浦木実料上納覚書」には、永禄一二年（一五六九）に米二〇石と木ノ実二五石（木ノ実一升に付き米二合）を、同一三年に米三五石と木ノ実五〇石（木ノ実一升に付き米一升）を、元亀二年に米四〇石と木ノ実七〇石（追加分一五石四斗）をそれぞれ上納したことを記す。このほかにも、『菅浦文書』には中世末期の「請取申油之事」や「請取米之事」など油桐実や桐油に関する文書を多く収載する。菅浦では江戸前期に至っても油桐実九三〜一五五石を毎年、年貢として領主に上納していた。次に、明暦二年（一六五六）の「大庄屋竹元庄兵衛年貢勘定目録」を記す（『菅浦文書』・下巻）。

未ノ歳御物成之通

一、高四百七拾三石　　菅浦村分

此御物成百拾八石貳斗五升　免貳ツ五分取

内

六十三石弐斗貳升　　米ニて納分

三石五斗四升七合五勺　　　　　　　　　口　米、但油實ノ分共ニ
米納二口合六拾六石七斗六升七合五勺、米ニて可納分

（中　略）

三口〆六十三石六斗三升五合五勺
残テ三石一斗三升貳合五勺、此表八表一升貳合五勺也
此銀百貳拾六匁九分、但一表二十五匁八分ツヽ、此銀請取申候
残テ五拾五石三升　　　　　油實ニて納分
此油七石一斗五升四合、但油ミ壱石ニ付油壱斗三升ツヽ、是ハ御台所様へ度々
納リ申候
右之通ニて候、若相違分候ハヽ、重而指引可申候、以上
申ノ歳卯月十一日　　　　　　　　　　　大浦村竹元庄兵衛（花押）
菅浦村庄屋新次郎殿参

右のように、伊香郡菅浦では、近世初期に油桐実を年貢米の代納とするほど多く収穫していた。また、高島郡海津（のち加賀藩領）でも、中世末期に油桐実とともに桐油を生産していたという。松江重頼（京都の俳人）が正保二年（一六四五）に著した『毛吹草』に

は「近江、海津ノ油木」と記し、海津の油桐は江戸前期に近江国の名物になっていた。ともあれ、菅浦・海津など琵琶湖の西岸は気候の温暖な地域であって、中世末期に遡って油桐実とともに桐油を生産していた。その後、高島郡では江戸後期に至り油桐実や桐油の生産が年々減少し、幕末期には生糸貿易が繁昌するなか、油桐畑の多くが桑畑に切替えられたという。なお、『入越日記』（京都の医師の日記）の嘉永四年（一八五一）四月三日の条には「長浜ヲ経テ木本ニ到ル。路ノ左右多ク罌子桐《あぶこきり》ヲ植エ、夏ニ方リテ芽ヲ放タントス」とあり、近江国木之本宿（彦根藩領）周辺の北国街道の両側には、嘉永四年に油桐が多く植栽されていた（『入越日記』）。

【若狭国】（小浜藩）

小浜藩は天正三年（一五七五）に成立した譜代中藩（藩祖丹羽長秀）であり、若狭国大飯・三方・敦賀郡、近江国高島郡の一部を領有した。承応二年（一六五三）の「小浜藩江戸年寄衆連署状」には、「一、桐之木之義、在々へ見せニ被指越候間、様子重而可被申上候由、尤之事」とあり（『小浜市史・藩政史料編一』）、江戸の家老衆は国元の家老衆から油桐苗の植栽状況について報告を受けていた。すなわち、小浜藩主酒井忠勝は承応二年に近江国海津から油桐実を購入し、領内各地に「桐之木」（油桐）の植栽を大いに奨励していた。油桐実は同藩領で「ころび」と呼ばれ、気候の温暖な沿岸部の浦々で多く栽培されていた。いまのところ、「桐」（油桐）の初見は天正一七年（一五八九）の「別当・和尚連署起請文」（三方郡神子浦）、「油実」の初見は寛文一〇年（一六七〇）の「八郎大夫不埒之儀ニ付差上覚」（遠敷郡本保村）、「ころび」の初見は延宝三年（一六七五）の「三年季請山証文」（三方郡日向村）であろう（『福井県史・通史編4』）。なお、貞享期（一六八四～八八）には、小浜藩領の村方から「ころび」が「尾州御用ころび」として販売されていた（『敦賀市史・史料編四巻下』）。

三方郡神子浦には貞享四年（一六八七）に油桐が一〇二本（うち実生三七本、植木三一本）あったが、寛保二年（一七四二）には四七五〇本に増加していた。神子浦では江戸前期に油桐実を組織的に生産・販売していたので、小浜城下に桐油の市場が成立していたとしても不思議ではない。たとえば、同浦では、正徳四年（一七一四）に小浜町の茶屋源右衛門に油桐実五〇俵を運賃五〇匁を含む銀三貫四〇〇目で販売していた。このとき、油桐実一俵（六斗入り）の値段は銀六八匁、米一俵（五斗入り）は銀六〇匁七分七毛であった。このほか、同年には、小浜町の升屋瀬兵衛・油屋市兵衛などにも桐油実を販売していた（『福井県史・資料編8』）。油桐実の栽培は江戸中期に若狭国の漁村経済に深く浸透し、極めて重要な現銀収入源となっていた。つまり、油桐実は近世初期から同中期にかけて若狭国の漁村が失った海運業と製塩業に代わって重要な地位を占めていた。

小浜産の桐油「若狭油」は、宝永・享保期（一七〇四〜三五）に江戸・名古屋・大坂など全国に販路をもつほど著名になっていた。若狭国小浜町の豪商板屋一助が明和四年（一七六七）に著した『稚狭考《わかさこう》』には、小浜産の桐油について次のように記す（『拾椎雑話』・稚狭考』）。

> 桐油ハ小浜第一の家業なり。［寛永家業記］に油屋二十九人、［天和家業記］に三十五人。此後他邦へ売出すに付て百家に及ひ、在々所々七八十家、今に到りて二百家に余れり。京・江戸・佐渡・大坂・美濃・尾張にては、種油に交へ売て桐油の名を用ひす。（中略）此油をしほる事、小浜より功者なる所諸国になしといへり、此地にて種油をしほる事は不功者なり。（中略）油桐の実六斗を一包とす、本国の山野出ささる所なし。出雲・石見・越前・但馬・丹後より来る事夥し。

小浜藩には寛永一七年（一六四〇）に二九人、天和三年（一六八三）に三六人（内一九人請油屋）の油屋がいた。注目したいことは、天和期に自ら製造した桐油を小売する特権的・問屋的性格の油屋と、卸問屋から仕入れた桐油を小売する新興の請油屋の二種がいたことである。敦賀町にも天和二年（一六八二）に油屋二三軒が油座を結成していたが、搾油業者は本座人の西町長右衛門・同弥三右衛門・東町五兵衛の三人のみであり、残り二〇人は小売業者であった。小浜町と敦賀町には寛文四年（一六六四）に藩営の蝋〆屋敷が建てられ、山漆実から生蝋が生産されていたので、その蝋〆の技術が桐油搾りに転用されたものだろう。小浜町では正徳四年（一七一四）に油仲三人を置き、桐油売買の円滑化と統制を計った。この油仲は寛保元年（一七四一）に油桐実と桐油の生産が増大したため、六人に倍増された。この頃、桐油は小浜町の産業のなかで、米・茶と並ぶ重要なものになった。ともあれ、小浜藩では宝永・享保期に桐油を増産し、京都・江戸・佐渡・大坂・美濃・尾張国などに販売していた。また、明和四年（一七六七）頃には油屋が二〇〇戸ほどあり、彼らは領内だけでなく日本海側の出雲・石見・越前・但馬・丹後国などからも油桐実を多く購入していた。

若狭国三方郡の篤農家伊藤正作が天保一一年（一八四〇）に著した『農業蒙訓』には、「油桐《ころび》の実生《みばえ》を作るハ、春彼岸に実を蒔て秋の末悉《ことごと》く引《ひき》見るに、立根《たてね》長く入りしハ男木《おぎ》也。這根《はいね》の苗を撰《えら》ひ広く植えおきよく肥《こや》して、三年目の春山畑に植べし。如此《かくのごとく》苗を育たるにハ、花木輪高《りんたかき》ハなく女木也」と記す（『日本農書全集5』）。すなわち、若狭国小浜周辺では春分のころ種子を蒔き、晩秋に至って全部の苗木を掘り起こし、主根が長く地中に伸びている男木を捨て、根が横に伸びている女木を広い場所に移植し、三年目の春に再び山畑に移植した。このようにすれば、残っている木はすべて女木であるから、花や実が高いところに付くことがなかった。油桐は移植のち五〜七年で結実し、二〇〜二五年には結実旺盛となり、三〇〜四〇には一本から油桐実二〜三斗が収穫できた。

〔越前国〕（福井藩・松岡藩）

福井藩は慶長五年（一六〇〇）に成立した譜代大藩（藩祖結城秀康）であり、越前国足羽北・足羽南・吉田・丹生北・今南東・今南西・今北東・南中条・坂南・坂北・大野・敦賀郡などを領有した。慶長三年（一五九八）の「検地帳」には、足羽郡二上村・今立郡片山村・敦賀郡大比田浦に「油木」が生立していたと記す（『福井県史・資料編3』）。また、寛永三年（一六二六）の「沖ノ口定目」には、福井藩が三国湊から楮・漆実・荏・大豆などとともに油・木ノ実を津留品（移出禁止品）に指定していたことを記す（『福井県史・第二編』）。木ノ実が油桐を指すのか、榧《たぶ》実を指すのかは明確でない。前記『毛吹草』には「近江、海津ノ油木。越前、ダマノ油木」と記すので、この頃油桐はまだ少なく、榧が多く栽培されていたようだ。

寛文八年（一六六八）の答申書には「一、蠟・漆・油木実他国へ出し申候、様子に依領内不足之節は留申候」とあり、その後油桐は蝋・漆とともに条件付で他国他領に移出された（『福井県史・第二編』）。貞享二年（一六八五）の「田中甚助書置」（丹生郡樫津村）には「一、畑方念入、茶・桑・楮・漆・木ノ実を情入可申候」と、正徳二年（一七一二）の「田畠等割取定書」（同郡米ノ浦）には「一、田畠共ニ樹木・桑・楮・木ノ実・漆等、此外夫々ノ植木仕立、御納所当ニ茂可仕候」とあり、この頃藩は油桐の栽培を奨励していた（『福井県史・史料編5』）。ちなみに、丹生郡下大虫村では享保六年（一七二一）に桐実一俵（五斗入り）が八〜一五匁、同郡片屋村では宝暦一〇年（一七六〇）に桐実一俵（五斗五升入り）が一五〜二三匁、同郡北山村では明和七年（一七七〇）に桐実一俵が一六匁四厘、椨実一俵が三匁七分一厘であった（『福井県史・史料編6』）。油桐実は主に敦賀町に送られたが、江戸中期からは在方の油屋も桐油を生産するようになった。府中札之辻の油屋宇兵衛は、今立郡の小坂村弥右衛門から木ノ実二〇俵を買取り、代銀八貫九〇〇匁を払っていた（『同書』）。享保二〇年（一七三五）に幕府が編纂した『福井領産物』には「一、木之類、油木・こせ油木（こせか）」とあり、この頃油桐は椨に次ぐ有益な特産物になっていた（『享保・元文諸国産物帳集成』）。油木は椨、こせ油木は油桐を指すものだろう。つまり、福井藩は小浜藩に比べ桐油の栽培時期が遅かったものの、江戸後期には出雲・石見・但馬・丹後国などとともに小浜藩に移出するまでに発展していた。

　福井藩は寛政二年（一七九〇）八月に福井城下に初めて「油問屋」を設置し、下寺川次兵衛に油・木実（油桐実）・絞り草（菜種・綿実）などを管理させた。このとき、町方油屋仲間は在方への油・油桐実の買注文を改め、福井油問屋にそれらが不足したとき、年行司を立てて交渉に当たるので、相場値段での取引を在方油屋仲間に願い出た。これに対し、在方油屋仲間は町方油屋仲間の油・油桐実の買入れに応じないこと、福井油問屋に油・油桐実・絞り草などが不足したとき、年行司を通して相場値段で売買すること、在方の賃搾り代として手元に残す油も町方に出荷すること、樽詰油も在方で直売しないことなどを町方油屋仲間に約束していた（『福井県史・通史編4』）。

松岡町には、延享期（一七四四〜四七）に福井城下の油問屋が支配する油屋が数戸あった。同町には松岡藩創設の正保二年（一六四五）にすでに油株六座（天保期に七株）があり、荏油や椨油・桐油などを生産していた。なお、同町の戸数は、元禄一〇年（一六九七）に三五七戸であった。松岡藩は正保二年から享保六年（一七二一）まで存在した福井支藩（藩祖松平昌勝）であり、越前国吉田・丹生・坂井・南条・今立・大野・足羽郡などに五万石を領有した。松岡町では、天明四年（一七八四）頃に搾油法が中世の「長木搾り」から近世一般の「立木搾り」に代わり、近代の「動力搾り」が登場するまで利用された。ちなみに、松岡油屋は、寛政期（一七八九〜一八〇〇）に一〇月から二月まで在方から依頼を受けた油桐実の賃搾り、三月から九月まで菜種・綿実を搾る専業的搾油業を行っていた。ともあれ、松岡藩の松岡城下では、藩創設期に遡って数戸の油屋が荏油や椨油とともに桐油を生産していた（『藩史大事典』・第3巻）。

［出雲国］（松江藩）

松江藩は慶長五年（一六〇〇）に成立した外様大藩（藩祖堀尾吉晴）であり、出雲国島根・秋鹿《あいか》・楯縫《たてぬい》・出東・神門・飯石・仁多・大原・能義・意宇《おう》郡、隠岐国海士・知夫里・越智・周吉郡などを領有した。六代松平宗衍《むねのぶ》は延享四年（一七四七）に「御直捌《おじきさばき》」（親政）を開始し、「釜甑《かまこしき》方」「木実《このみ》方」の藩営事業を実施した。釜甑方は釜・鍋・農具などの鋳物を製造販売する事業、木実方は櫨蝋を製造販売する事業であったが、これらは宝暦二年（一七五二）に御直捌が停止されたのちも、長く経営が続行された。松江藩士の稲塚和右衛門が同三年（一七五三）に著した『木実方秘伝書』には、「木実方」について次のように記す（『復刻木実方秘伝書』）。

一、延享四年卯九月御触、近年於郷方、蠟実追々植立候ニ付而御上に御調法之筋に思召候、尤土地相応に無之哉、其儀なき村方も有之候、然とも銘々心掛候ハバ、自然と能出来立可申候、随分念を入作立、唯今迄蠟実木苗植不申村々は、大村ニは五百本、小村ニは三百本充、当秋ゟ来秋迄に畑縁或は野うてニ而作付難成場所、野山等之土地を見立植付可申候、石畑に植候者江は、蠟実指出し次第代銀直渡に可申付候、又野山、切畑に植候者ともへは、其畑の御年貢免し、実成候蠟実半分は上江上納、半分作主へ可被下候、寒強ク櫨木立兼候場所江は、漆木又は油木を植可申候、左候ハバ末々上ノ御調法ニ相成、下之助力ニも可成候間、村々ニ而木苗取合植可申候、其上不足之分は、御細工所へ願次第木苗有たけ可遣候、就中只今迄植付置候村々茂、猶又出情追々植付可申候、以上

卯九月　　　　　　　　　　　　　　　　　御細工所

御細工所は延享四年（一七四七）に領内の大村に櫨苗五〇〇本、小村に櫨苗三〇〇本を畑縁・野畦・野山・切畑・石畑などに植栽するように命じ、石畑への植栽者には蝋の上納時に直接代銀を与え、野山・切畑への植栽者には年貢の半減を許可した。御細工所は翌年、隠岐国の村々に対しても櫨苗・漆苗・油木苗などの植栽を命じた。このとき、御細工所は櫨苗の埴栽が困難な場所に漆木や油木（油桐）を植栽するように指導していた。もちろん、油桐は木実方の設置以前から栽培されていた。ただ、前記『木実方秘伝書』には「尤其頃御用油の趣向被仰付、油木実茂一所に見積被仰付、然共油木実はしまり合悪

布、其年一ケ年にて相止ニ成候」とあり、御細工所は数年後に油桐実から御用油を製造する計画を立てたものの、油桐実の収穫が十分できなかったため、計画倒れに終わった。反面、油桐実は藩の専売品とならなかったため、他領出しが可能であった。なお、宝暦一一年（一七六一）秋には、出雲郡に九町七反余、能義郡に一四町五反余、秋鹿郡に二町五反余、楯縫郡に八町二反余、意宇郡に三七町七反余、神門郡に三町三反余、飯石郡に一一町五反余、大原郡に二〇町九反余、島根郡に五四町九反余、合計一六三町七反余（木数四万九一三二本）の櫨畑が整備されていた。

七代松平治郷《はるさと》は明和四年（一七六七）頃から財政難克服のため、領内の村々に油桐の植栽を命じた。松江藩では油桐実を「木ノ実」「ころび」「ごろた」などと呼び、主に海岸沿いの山間部で栽培した。農民は個人の雑木山（入会山）を焼畑地に拓き一年目に大根・蕎麦などを栽培したのち、二年目に油桐苗を植栽し油桐畑を造成した。この間、彼らは四〜五年後に花の少ない雄木を伐り捨て、枝の間引きを数度行い成木に養成した。藩は他人の雑木山に植栽したものでも所有権を認め、実のなる油桐を「運上木」として記帳させた（『松江市誌』）。ともあれ、出雲国は明和四年（一七六七）に越前・石見・但馬・丹後国などとともに小浜藩に油桐実を多く移出していた。

［石見国］（吉永藩）

吉永藩は寛永二〇年（一六四三）に成立した小藩（藩祖加藤明友）であり、石見国安濃郡二〇か村を領有した。藩祖明友は天和二年（一六八二）に一万石加増をもって近江国水口に転封となり、安濃郡二〇か村は石見銀山料に復帰した。藩祖明友は殖産興業に努め、油桐・櫨・柿・梅・漆などの栽培を奨励し、会津から名工喜兵衛を呼び寄せて漆器の製造を始めた。とくに、石見銀山料では江戸中期から銀の産出量が減少したため、櫨蝋や桐油の生産を大いに奨励した。油桐実の生産は谷住郷村が大半を占め、これに三田地・後山・川越村が続いた。三田地村では油桐実を「どんがら」と呼び、桐油を「だいがんじ」と称した（『藩史大事典』・第6巻）。ともあれ、石見国は明和四年（一七六七）に越前・出雲・但馬・丹後国などとともに小浜藩に油桐実を多く移出していた。

［加賀国］（加賀藩・大聖寺藩）

加賀藩は天正九年（一五八一）に成立した外様大藩（藩祖前田利家）であり、加賀国能美・石川・河北郡、能登国羽咋・鹿島・鳳至・珠洲郡、越中国射水・砺波・新川郡などを領有した。同藩では江戸前期に金沢城下やその周辺地で油桐実を生産し、それを城中の灯油に利用したという。石川県の郷土史家森田平次（元加賀藩士）が明治二〇年（一八八七）

に編纂した『温故集録』には次のように記す（『加賀藩史料・第参編』）。

三壺記に、元和二年の頃瀧与右衛門と云者、石川・河北両郡の裁許仰付られ、野田道右手の原野に油木数十本植えさせられ、三つ屋の在所に土蔵を立、木の実を取入、御城中の灯油に用之と見え、又今金沢卯辰山の下なる山上町の裏をば、惣名を油木山と呼べり。同所光覚寺貞享二年の由緒書に、寛永十三年山上町油木山の下にて寺地拝領、油木山谷際千歩余請込など載たり。此油木山と云名も、昔油木を卯辰山の尾崎に植付命ぜられ、依て其地を油木山と称すと云へり。元和年中に油木山を所々に植しめられ、城中の燈油に用之とあれば、其頃は菜種油はなくして、木の実油をのみ用ひしに依て、諸方に油木を植付られたるならんか。

右のように、加賀藩では菜種油が製造される以前の元和期（一六一五〜二三）に、金沢城下やその周辺で油桐実を栽培し、城中の灯油に利用していたようだ。また、加賀国石川郡御供田《ごくでん》村の十村《とむら》（大庄屋）土屋又三郎が宝永四年（一七〇七）に著した『耕稼春秋』にも、搾油作物として加賀国で菜種、越中・能登両国で荏、他国で荏と油木を多く栽培していたことを記す（『日本農書全集4』）。なお、寛文一〇年（一六七〇）の「村御印」には、能美郡安宅村に「たものみ役八六匁三分、出来」が課せられているので、江戸前期には同郡で椨実《たぶ》も少し生産されていたようだ。さらに、越中国砺波郡下川崎村の山廻役（十村分役）宮永正運が寛政元年（一七八九）に著した『私家農業談』には、搾油作物として砺波郡で菜種・荏・胡麻・芥子・木綿子・山茶・榧《かや》・売子木《さんだんぐわ》などとともに油木を植栽していたことを記す（『日本農書全集6』）。ただ、改作所が元禄期（一六八八〜一七〇三）に編纂した『農隙所村々寄帳』や産物方が文政元年（一八一八）に編纂した『諸産物盛衰書上申帳』には、桐油の名称が確認できない。

ところで、越中国新川郡の商人三人は嘉永二年（一八四九）に「大聖寺桐油」を例に示し、加賀藩の農民に油桐実の栽培を勧めた。それを次に示す（『七尾市史・資料編第三巻』）。

一、近年菜種油高値ニ御座候故、綿種并木之実油等多相用候ニ付、諸国油木作植仕、大聖寺様御領ニも数多油木作植御座候、然処御領国近年綿種油御免成候得共、未タ油木無御座候間、大聖寺様御領御同様、御領国中御田畑之外浜筋、或者山中川原其外江淵等都而可然御不用之地元ニ油木作植仕、追而実成候上油ニ〆出シ候ハバ、自然惣而油値段も下落仕、第一御国益筋ニ相叶、其上下方一統難有感状仕、暨軽キ百姓之助情ニも相成可申義与奉存候間、何卒御詮議之上油木作植仕候義御聞済相　成可申義ニ無御座候

一、大聖寺様御領未タ十分ニ植付無御座候様子之所、当時毎年五千石余り実成候由、御領国ニハ大河原茂数ケ所有之、山中浜方等格別無地之地立多ク相見へ候故、畢竟上り高弐拾万石余植付相成可申候様奉察候得共、先以当時大聖寺様御領之実成高を以御高嵩勘弁仕、木之実五万石之見図りの至を以御伺奉申上候事

一、木之実之油粕同様屎ニ相成、是以莫大之義与奉存候事

（中　略）

右之通り急案之次第粗書記御伺奉申上候間、猶更乍恐御堅慮被為成下、可然御詮議之上幾重ニも宜御聞済ニ相成候様奉類上候、以上

申十一月

発記人　滑　川　小泉屋太三郎

同　所　川瀬屋重　助

東岩瀬　若林屋喜平次

越中国新川郡の商人三人は、支藩の大聖寺藩が年に油桐実五〇〇〇石を生産していることを例にあげ、能登国鹿島郡矢田組の農民に桐油実の栽培を勧めた。注目したいことは、彼らが加賀藩領で油桐実を栽培すれば、多ければ二〇万石、少なくとも五万石の生産ができる計画を立てていたことである。『御用鑑』の嘉永三年三月の条には「諸郡之内百姓望

之村に油木植付之儀去年申渡」とあり（『加賀藩史料・幕末篇上巻』）、この油桐実の栽培計画は加賀藩の産物方による施策であった。このとき、産物方は前記の町人三人を勢子方主附に任命し、一郡一人宛の御扶持人十村を補佐役としたものの、その植栽策はあまり成功しなかった。なお、七尾市多根町には、数年前まで嘉永期（一八四八〜五三）に産物方が植栽した油桐の古木が数本残っていたという。

大聖寺藩は寛永一六年（一六三九）に加賀藩から分立した外様中藩（藩祖前田利治）であり、加賀国江沼郡と越中国新川郡の一部（のち加賀国能美郡の一部と交換）を領有した。同藩では、江戸中期に雑穀とともに「油之木実」「たもの実」を他国他領から移入していた。まず、元禄七年（一六九四）に三ヶ浦（塩屋・瀬越・吉崎）肝煎・組合頭へ出された定書を示す（『加賀市史料五』）。

一、商荷物船堀切浦へ出入之節、昼夜ニ限ラス塩屋番所へ可相断候、其刻罷出船中荷
物相改可申事
一、他領米并塩・酒多少ニ限ラス御領分ニ而売買前々ゟ御停止候条、他領舟令入津者
其時分番人へ相断、跡々之通肝煎・与合頭二三人罷出、船切手令吟味其上ヲ以上積
米ニ縄をはへ、番人封ヲ付、算用場へ早速致案内可受指図事

一、雑穀并油之木実・たもの実等入津之節、仲瀬越村之方へ令案内、其上ヲ以川登相極可申候

（中　略）

一、他領者ニたいし非分之儀申不掛様常ニ可相守、心得がた幾義在之ハ算用場へ窺可申者也

元禄七年二月十日　　算用場

三ケ浦之肝煎・与合頭

大聖寺藩では江戸中期に油屋が油桐実・椨実を他領他国から移入し、それを大聖寺城下の油屋が桐油・椨油に製造して領内の村々に販売していたようだ。油桐実や椨実はどこから移入されたのだろうか。前述のように、小浜藩では明和四年（一七六七）頃に桐油業が領内第一の産業になって、越前国から石見国に至る日本海側の産地から油桐実を移入していた。福井藩では寛文八年（一六六八）に津留品の油木実（油桐実・椨実）を蝋・漆とともに条件付で津出を許可したので、油桐実や椨実は福井藩から移入されたものだろう。

その後、大聖寺藩では、江戸後期に至って桐油・椨油および油桐実・椨実を他領へ移出していた。次に、文政四年（一八二一）に算用場が塩屋浦番人へ宛てた定書を示す（『加賀市

史料五』）。

一、油・雑穀并油草津入之節ハ、亭彦八方へ令案内、其上ヲ以川登相極可申候、売買之品々彦八方ニ定書在之事

一、菜種油他領出之節ハ、油肝煎并油種問屋之内、送り切手ニ御算用場御目付添印ヲ以相通し可申事

一、木ノ実油・荏ノ油并油木ノ実・たもの実・荏等他領出之節ハ、油種問屋送り切手ニ御算用場御横目付添印ヲ以相通し可申事

一、雑穀并菜種他領出候節、御算用場小算用頭取送り切手ヲ以相通し可申事

右之条々相守、塩屋・瀬越・吉崎此三ヶ国ニおいて難心得儀有之バ、御算用場へ伺可申候、横目役ヲモ相兼候条、浦方者私曲等有之バ可申上候

文政四年四月　　算用場

塩屋浦番人中

大聖寺藩では、江戸後期に桐油・梼油および油桐実・梼実が菜種油・荏油および菜種・荏とともに津出品になっていた。つまり、同藩では元禄七年以降に領内で油桐実・梼実を栽培し、大聖寺城下や郡方の油屋が桐油や梼油を生産していた。右の油・油草・雑穀など

には、移入時に代銀一〇匁に付き口銭五厘が課せられていた。油桐実や椨実は領内のどこで栽培されたのだろうか。天保一五年（一八四四）の『加賀江沼志稿』には「油木、三谷二多、内ニ曽宇極テ多」とあり、油桐実は江戸後期に江沼郡三谷の曽宇・直下・日谷村で多く栽培されていた（『加賀市史・資料編第一巻』）。椨実は海岸部や川岸に自生した椨から多く収穫したようだ。三谷の村々では、油桐の不作年に際し大聖寺城下の町人からその代銀を借用していた。曽宇村は、文化一四年（一八一七）に大聖寺山田町の福田屋孫右衛門から油桐の代銀六〇匁を借用していた（「能田家文書」）。

覚

一、六拾目者　木の実代

右御貸渡可下候、以上

丑十二月廿六日

曽宇村肝煎善五郎（印）

請人谷屋吉右衛門（印）

福田屋孫右衛門殿

福田屋は吉田屋に並ぶ大聖寺城下の有力町人であり、藩の御用聞役となって三人扶持を賜り、銀方・銭方役、本陣役、町年寄などを勤めた。なお、直下村には、寛政四年（一七九二）すでに油桐実を貯蔵する藩の小屋が建てられていた（『加賀市史料七』）。

　このほか、寛保期（一七四一～四三）の「山割文書」には、荒谷・今立両村の入会林野で油桐を栽培していたことを記す（「荒谷町有文書」）。嘉永七年（一八五四）の『山代志』には「十一匁、木実役。天明六年九月二十八年ヨリ始ル、今廃ス」とあり、山代村では木実役が天明六年（一七八六）に初めて課せられた（『加賀市史・資料編第一巻』）。このほか、江戸末期の『山中行記』には山代村付近で、明治前期の『宗山遺稿』には上野村の「大久保」で、明治四年（一八七一）の「大聖寺領巨細帳」には大聖寺町の油木山で油桐を栽培していたことを記す（『加賀市史料一』）。その栽培時期については、『江沼郡誌』に「中古直下村の住民中、故ありて古来油桐樹を栽培せる越前国に移住せしものあり、後にその帰住せしこと旧記に散見するを以て、或は当時の移植に創まりしならんかと思はる」と記すが、当たらずと雖も遠からずであろう。ともあれ、同藩では油需要が拡大するなか、江戸中期以降に領内の山林・山畑・荒地・川土居などに油桐を植栽し、本格的に油桐の生産を始めた。その生産高は明確でないが、江戸末期には一五〇〇～二〇〇〇石を生産していたようだ。

　大聖寺藩では江戸後期に桐油・椨油ほか、菜種油・荏油や魚油・榧油・椿油なども生産した。魚油は塩屋・瀬越・塩浜村など浜方で生産されたものの、悪臭が強く、煤煙が多い中等以下の灯油であった。領内では鰯油・鯡油・鮫油などの製造が多く、鮪油・鯨油・海豹《あざらし》油などは少なかったという。榧油は秋に熟して自然に落ちた榧実を俵に入れて池や川で水に晒して置き、皮が腐ってから蒸して搾った。古くは榧実を俵に入れて土中に埋めて置き、皮を腐らせたという。これは中世から灯油に多く用いられたものの、江戸中期には全国各地で大きく減少した（『日本農書全集13』）。江戸後期には、領内の奥山方二か村で榧油が少し生産されていた。同様に、椿油の生産も少なく、その多くは加賀藩から購入されていた。

【上総国】（佐貫藩）

佐貫藩は天正一八年（一五九〇）に成立した譜代小藩（藩祖内藤家長）であり、上総国天羽《あまは》・望陀《もうだ》・市原郡の各一部を領有した。同藩は寛永一〇年（一六三三）と貞享元年（一六八四）に二度に亘って廃藩となり、宝永七年（一七一〇）五月に阿部正鎮《まさたね》が三河国刈谷から入封して再び立藩された。同藩の天羽郡では、江戸後期に雑木林で諸木とともに油桐を栽培していた。まず、江戸後期の「桐油代金仕切」を記す（『富津市史・史料集一』）。

仕　切　　天神山八幡丸勘兵衛船

一、桐油壱樽　　但シ三斗九升五合

三拾両弐分弐朱替

代金三両ト拾壱匁也
内銀壱分御寄所掛り
金弐朱上明樽弐挺（十六替）
金弐両弐分内金船頭殿へ相渡ス（十一月四日）
〆金弐両弐分ト八匁六分
〆金弐分ト弐匁四分、此弐百六拾文
右之通仕切代金不残相渡シ此表無出入相済申候、以上
申霜月七日　山崎屋角兵衛（印）
油屋善右衛門殿

佐貫城下の山崎屋角兵衛は、江戸後期に天神山の八幡丸（勘兵衛船）を用いて桐油三斗九升五合を在方の油屋善右衛門から購入し、代金二分と銀二匁四分（銭二六七文）を支払った。同藩の天神山では江戸後期に相当量の油桐実を栽培し、それを桐油に製造していたようだ。いま一例、天保一三年（一八四二）の「差上申一札之事」を記す（『千葉県の歴史・資料編近世3』）。

差上申一札之事
上総国鬼泪山江入会候同国岩瀬村外廿八ヶ村山札請置候処、上ケ切之儀土方出雲守様

江御訴申上候処、内藤隼人正様江御引渡ニ相成、御吟味中地所之儀難御決、為地改御代官青山九八郎様・平岡文治郎様両御手代衆被差遣、御吟味中御同人様御懸替ニ付深谷遠江守様御奉行之節御引渡相成、其後御懸り替ニ付当御奉行所様江被召出引合之者一同再応御吟味御座候処、岩瀬村外廿八ヶ村并ニ今般御願ニ不加同国大和田村外五ヶ村共都合三拾五ヶ村之儀、往古駿河守様役場ゟ山手札請取、従来鬼泪山江入下艸薪伐苅いたし来り、尤右之外寛永年中熊沢三郎左衛門様御代官所之節、右山之内江入会村々之者とも伐出し掘出シ候竹木・薪・薬種・樹・木之実油ニ至迄十分一相納、其後宝永之度駿河守様御先祖阿部伊予守様御領分ニ渡り候而も引続右山手米分一共相納在候（中略）

天保十三年十二月十六日

鬼泪山山守名主兼帯　樅山伊之右衛門

伊之右衛門後見　樅山八兵衛

御奉行所

上総国天羽郡の鬼泪山《きなだやま》は近世初期以来、佐貫藩領の「岩瀬村等三五ヶ村」の入会山として利用されてきた。その後、三五か村は内藤氏の支配から外れたため、山年貢を負担し、運搬時間を費して鬼泪山を利用することになった。当初、三五か村は山年貢である下草札米とは別に、十分一運上銀を上納することで竹木・薪・薬種・樹・木之実油などの採取が認められていた。注目したいことは、寛永年中（一六二四～四三）に同山で「木之実油」すなわち油桐実を採取していたことである。なお、下草刈札は必要・不必要によって、受納・返納が定期的に行われていた。このように、旧佐貫藩の三五か村の農民は、鬼泪山で江戸前期に油桐を栽培し、それを桐油に製造していた。この頃、桐油は綿種油と混ぜて灯油に用いたほか、油紙や唐傘などに多く使用されていたようだ。

〔駿河国〕（小島藩・田中藩・幕府領）

小島藩は元禄二年（一六八九）に成立した譜代小藩（藩祖松平信孝）であり、駿河国庵《い》原《はら》・有渡《ゆど》・安倍郡の各一部を領有した。同藩では、江戸中期に採草地や雑木林で毒荏（油桐）を栽培していた。まず、元禄一六年（一七〇三）の「預り申金子之事」を記す（『静岡県史・資料編11』）。

預り申金子之事

合　金五両ハ　　江戸小判也

右之金子預り申所実正御座候、当未ノ御年貢ニ指詰り預り申、則御蔵へ上納申所紛無
御座候、来ル申ノ九月中ニ毒荏ニ而急度返進可申候、直段之儀ハ其時之相場を以勘定

可申候、若毒荏無御座候ハバ、金子ニ而返進可申候、大切之御年貢ニ預り申故ハ、御約束之通り少も相違申間敷候、為後日之手形仍如件

元禄拾六年未ノ十一月晦日

谷津村預り主　平兵衛（印）

同　所　証　人　久兵衛（印）

江川町油屋佐兵衛殿

庵原郡の谷津村平兵衛は、元禄一六年に年貢上納に差支えたため、毒荏（桐油）を納めることを条件に府中城下の江川町の油屋平兵衛から金五両を借用した。このことは、江戸中期に庵原郡で油桐が栽培されていたことを示す。いま一例、文政一二年（一八二九）の「売渡申油証文之事」を次に記す（『静岡県史・資料編11』）。

売渡申油証文之事

一、桐水拾段

代金拾六両　但清水渡シ

右者毒荏買切金ニ差詰り、書面之通売渡、金子唯今慥ニ受取申処実正也、油之儀者今日ゟ出来仕代来寅正月晦日迄ニ相渡し可申候、然共之通此金為質地物三見石毒荏大木、畑壱枚書入置申候、尤又右之油相滞候ハバ、此質地物之儀貴殿江無異儀相渡可申

候、此質地物ニ付諸親類外ゟ一切構申者無御座候、為後日之手形仍如件

文政拾二年丑十二月日

吉原村借主　忠左衛門（印）

同　証　人　三之丞（印）

伊左布村庄兵衛殿

庵原郡の吉原村忠左門衛は、文政一二年に油桐の買切金に差支えたため、桐油一〇段を納めることを条件に旗本領の伊左布村庄兵衛から金一六両を借用した。このことは、江戸中期に庵原郡の在方で桐油が製造されていたことを示す。このほか、同郡中宿村では同二年（一八一九）に油桐の収穫日を「本拾二日」と「跡拾」とに規制し、同郡山原村では同年に採草地を油桐畑や三椏畑・楮畑などに利用することを禁止していた。このように、同藩では江戸後期に採草地や雑木林で油桐を栽培し、周辺地の油屋で桐油を製造していた。

田中藩は慶長六年（一六〇一）に成立した譜代小藩（藩祖酒井忠利）であり、駿河国益津・志太郡と遠江国榛原《はいばら》・城東郡の各一部を領有した。同藩では文政八年（一八二五）に「浮塵子《うんか》」が発生したので、領内の村々に桐油を配り、焚き火による虫送りと併用した。つまり、農民は桐油を鯨油などとともに田面に注ぎ、油膜に「浮塵子」を叩き落として駆除した（『静岡県史・資料編12』）。

駿河国には沼津藩・小島藩・府中藩（駿府藩）・田中藩などのほか、幕府領や旗本領があった。幕府領の庵原郡寺尾村でも、江戸後期に油桐を栽培していた。次に、享保一六年（一七三一）の「売渡申毒荏木之事」を記す（『静岡県史・資料編11』）。

売渡申毒荏木之事

一、やわなと申所毒荏木壱ケ所
一、寺尾平と申所毒荏木壱ケ所
一、寺尾沢と申所毒荏木壱ケ所
〆三ケ所、但寺尾平ニ野地壱升蒔程添申候
右者当亥ノ御年貢ニ指詰り、代金三両と永百文ニ而来ル子ノ年ゟ酉ノ年迄十年季ニ相定売渡シ、只今金子請取申所実正ニ御座候、来ル子ノ秋中ゟ毒荏御ひろい取可被成候、此毒荏之儀、只今迄何方へも質物等ニ一切書入置不申候、他ゟ少も出入申儀無御座候、若出入ケ間鋪儀申出候ハバ、請人何方迄も罷出急度埒明、其元へ御苦労掛申間鋪候、年季明ケ申候ハバ金子不残返進可仕候間、其節此畑御返し可被下候、若金子才覚難成候ハバ、永ク流地ニ可仕候、尤遠山ノ野地ニ而御年貢役掛等一切無御座候、為後日仍如件

享保十六年亥十二日

毒荏木売主　寺尾村金右衛門（印）

同　人　請　兄弟　善右衛門（印）

（外五人略）

寺尾村茂七郎殿

庵原郡の寺尾村金右衛門は、享保一六年に年貢上納に差支えたため、桐油林三か所を一〇年季をもって金三両と永一〇〇文で同村茂七郎に売却した。注目したいことは、寺尾村が江戸後期に至って本格的に油桐林の造林を開始したことである。前記のように、庵原郡の村々では、江戸後期に採草地や雑木林が多く油桐林（油桐畑）や三椏林（三椏畑）・楮林（楮畑）などに利用されていた。いま一例、寛政九年（一七九七）の「駒尾毒荏御見分御改帳」を次に記す（『静岡市史・近世史料二』）。

駒尾毒荏御見分御改帳

一、毒荏木　三拾七本

此訳

三　本（此皮実壱升五合）　奥久保

弐拾本　奥村上

弐　本　　　　　合　場
八　本　　　　　ど井場
三　本（此皮実壱升五合）　といミち
壱　本　　　　　をばね
右者寛政四子年駒尾植付被仰付、并毒荏駒尾共前々百姓持来候御改、此度御見分之
上、御改之通相違無御座候候、以上
寛政九年巳九月
駿州安倍郡中平村　名　主　庄　蔵
組　頭　六郎兵衛
百姓代　吉右衛門
落合文五郎様

安倍郡中平村では江戸後期に油桐を栽培していたものの、その生産量はまだ少なかったようだ。また、安永九年（一七八〇）の「高反別明細差出帳」（嶋田御役所）には、同郡郷嶋村が毒荏小物成として永五拾文五分を上納していたことを、安政四年（一八五七）の「産物類売揚高取調書上帳」には、同村が毒荏二石を金二両で販売したことを記す（『静岡市史・近世史料四』）。隣接の有度郡でも、江戸後期に油桐を栽培していた。まず、文化一一年（一八一

四）の「内済證文之事」を次に示す（『静岡市史・近世史料一』）。

内済証文之事

駿州河安倍郡向敷地村外拾壱ケ村訴上候者、前々ゟ右拾弐ケ村ゟ丸子宿江山手米差出、野山一円入会御田地肥草、助郷御伝馬并農牛飼料、百姓朝夕薪木苅り取来候処、近来丸子宿枝郷之者入会野山之内江毒荏木、并諸木植付新林相仕立、草苅場多分相減、山路切狭牛馬繋場茂無之秣薪差支ニ相成難儀至極仕候間、山路切開前々之通新林伐採候様被仰付度段、江戸御奉行所様江御願申上候ニ付、御添翰被下置度旨奉願上候処、丸子宿枝郷之内ニ軒谷・大鈩赤目ケ谷・川逆川之者共被召出、双方江御利解被仰渡候ニ付、此度扱人立入双方懸合之上、熟談内済仕候趣意左之通

一、毒荏木下之儀勝手次第草苅取可致、山元ニおゐて者耕作鍬入等致間敷、入会村之者毒荏木枝葉伐採申間敷候事

（中略）

文化十一戌年十一月

駿州安倍郡向敷地村　組　頭　市左衛門
同　州　同　郡　手　越　村　名　主　理左衛門
同州有度郡下川原新田　名　主　助　太

（外九人略）

江戸御奉行所様

安倍郡の二か村と有度郡の一〇か村では、文化一一年に丸子宿枝郷の者が請山（入会山）に毒荏や諸木を植栽し薪柴草の採取に差支えたため、毒荏や諸木の伐採を代官所に願い出た。つまり、有度郡の丸子宿でも、江戸後期に入会山で油桐が栽培されていた。その後、文久元年（一八六一）の「仮規定書之事」には「一、野山入会場江文化度以来植出し候諸木之分、都而五分通り此度伐取候上者、入会山之内江以来諸木竹共決而植出し申間敷候事」とあり、右の山論は同年に至って毒荏や諸木の半分を伐採することで決着した。なお、丸子宿地方と規定した村々は、文久元年に前記一二か村から九か村、翌年に八か村に減少していた（『静岡市史・近世史料二』）。いま一例、文化八年（一八一一）の「内済證文之事（下書）」を次に示す（『静岡市史・近世史料二』）。

内済證文之事（下書）

駿州有度郡用宗村より訴上候者、同郡小坂村高辻之内五拾八石余用宗村高請有之、右之訳合を以前々より小坂山江入会秣薪採来候所、右入会之場所江小坂村之もの共焼畑・毒荏木・松杉等植付、銘々百姓控之由申立、秣場相減何れ之場所江罷越候而も控地先之旨申之、差留為刈取不申難儀仕候間、前々之通秣場薪刈取不差障様仕度段申之、小坂村ニ而前々より毒荏木役・永役米等相納置、百姓家別無甲乙割合之銘々控之分ニ而毒荏木・焼畑等相稼、且農業之間者柴薪等伐取町方売出候而、渡世山ニ而他村入会無之所、用宗村之者共猥ニ入込百姓控之場江忍入、雑木等伐荒難義いたし、尤右村之儀者同郡丸子山江山手前差出置、薪秣等右山ニ而刈取差支も無之、殊ニ海辺村方ニ而漁猟之稼茂有之、柴薪等買調候共差支は無之、小坂村之儀は外渡世も無之、他村之者入会候様相成候而者、必至と渡世差支候間、不立入様致度段申之（中略）
右之通熟談内済仕候上者双方無申分聊御願筋無御座候、依之噯人一同連印済口證文差上申所如件

文化八年辛未十二月

有度郡用宗村は、文化八年に小坂村の者が請山（入会山）に焼畑および毒荏木や松・杉を植栽し薪柴草採取に差支えたため、毒荏や松・杉の伐採を代官所に願い出た。つまり、有度郡の小坂村でも、江戸後期に小坂山（入会山）で油桐が栽培されていた。このほか、庵原郡西方村（旗本秋山家領）の名主小林某は、江戸後期に村内で桐油を製造して経済的地位を高めた。

［遠 江 国］（相良藩・幕府領）

相良藩は宝永七年（一七一〇）に成立した譜代小藩（藩主本多忠晴）であり、遠江国榛原・城東郡の各一部を領有した。同藩では宝暦九年（一七五九）に田沼意次が殖産興業に努め、桑・漆とともに油桐の栽培を大いに奨励した（『静岡県史・通史編四巻』）。遠江国にも相良藩・掛川藩・横須賀藩・浜松藩などのほか、幕府領や旗本領があった。幕府領の豊田郡小川村でも、江戸後期に油桐を栽培していた。次に、寛政四年（一七九二）の「毒荏木植付書上」を記す（『静岡県史・資料編11』）。

毒荏木植付書上

一、毒荏木数五千株余

内

木数千本　当子秋蒔付可仕分

木数弐千本　来丑年蒔付可仕分

木数弐千本　来寅年蒔付可仕分

右者毒荏木植付百姓助成可仕旨、柳生主膳正様被仰渡候由を以、被仰渡難有承知奉畏候、然ル所空地等無御座候ニ付山林之内成木難仕、或者小笹等伐除、又者百姓家居之

廻り迄植付可被成場所者巨細見立、且植付候ハバ、毒荏之えちをわらかに草等不生立候様手入いたし、当秋ゟ来寅迄追々三ケ年ニ植付候様可仕候、仍之麁絵図弐枚相添奉差上候、以上

寛政四年子四月

豊田郡小川村百姓代　亥左衛門
組　頭　太郎太夫
名　主　又右衛門

松田松三郎様

豊田郡小川村の名主・組頭・百姓代は、寛政四年に百姓助成のため、三年間に毒荏木五〇〇〇本を山林に植栽したい願書を嶋田役所の松田松三郎に提出した。つまり、小川村でも江戸後期に本格的な油桐の造林を行っていた。なお、油桐実の値段は文政期（一八一八〜二九）に皮付一升が銭一二文ほど、皮無し一升が銭四〇文ほどであった（『日本農書全集15』）。

このように、駿河・遠江両国では江戸中期に丘陵地や山地に茶・三椏・楮などとともに油桐を栽培し、城下や在方で桐油を製造した。油桐は江戸前期まで屋敷地近くに植えられていたが、次第に丘陵地や山地で栽培されるようになったという。桐油は油桐実一斗から一升三合ほどの生産量があった。両国では油桐を「毒荏桐」「油木」と呼び、桐油を「毒

荏油」と称した。

［伊豆国］（幕府領・掛川藩）

掛川藩は慶長六年（一六〇一）に成立した譜代中藩（藩祖松平定勝）であり、遠江国佐野・榛原・城東・周知・山名・豊田郡の各一部を領有した。同藩では延享三年（一七四六）に太田資俊が上野国館林から入封し、殖産興業に努めた（『静岡県史・通史編四巻』）。伊豆国にも沼津藩・荻野山中藩・西端藩・小田原藩など私領のほか、幕府領や旗本領が多くあった。幕府領の賀茂郡八幡野村でも、江戸後期に油桐を栽培していた。次に、嘉永二年（一八四九）の「入置申一札之事」を記す（「八幡野・山川家文書」）。

入置申一札之事

当宿内半兵衛方へ油実二月中借入、残金廿五両余今廿九日限返済可申御対談之処、無拠差支之節出来日延御無心申入、来五月十四日迄日延御猶予御承知被下、忝奉存候、然ル上者日限ニ到り当人ニ不拘、拙者共より元利共聊無相違返済可申候、為其仍而如件

嘉永弐酉年四月廿九日

三嶋宿　用　蔵（印）

善　蔵（印）

八幡之村利兵衛殿

伊豆国君沢郡の三島宿用蔵・善蔵は、嘉永二年二月に同宿半兵衛から油桐実を借入れたため、残金二五両の返済日の猶予（同月二九日から五月一四日まで）を八幡野村利兵衛に願い出た。つまり、八幡野村でも江戸後期に油桐の栽培を行っていた。同村宇左衛門（山川家五代）は江戸後期に八幡野・富戸・吉田・川奈・池・十足・赤沢など七か村に山林を所有し、大量の毒荏を栽培して持ち船で江戸や清水港に移出した。また、肥田村与兵衛（穂積家）も享和年間（一八〇一～〇三）に持ち船で毒荏を大坂に移出し、大儲けしたという。山主は大勢の女衆を雇い、「一番拾い」「二番拾い」「三番拾い」を行わせたのち、「小拾い」と称して毒荏林を一般に開放した。毒荏一升は米一升と交換されたという（『山川家の先祖と八幡野』）。なお、同国の幕府領には広大な御林（直轄林）があり、ここで生産された御用薪・御用炭は多く江戸城や江戸に移出されていた。

〔丹後国〕（田辺藩）

田辺藩は元和八年（一六二二）に成立した譜代小藩（藩祖京極高三）であり、丹後国加佐郡（一部宮津藩領と幕府領）を領有した。同藩では宝暦期（一七五一～六三）に加佐郡和江村の森仁左衛門が石見国から油桐実を持ち帰り、村人にそれを分配して植栽を勧めたので、十数年後には七〇町歩（生産高五〇〇〜七〇〇石）の油桐林が成立したという。その後、同村の庄屋六右衛門は大坂から薩摩櫨実を購入し、油桐実と混植して大きな収穫をあげたので、油桐の栽培は近隣の村々にも広がったという。田辺城下の油屋は文化一〇年（一八一三）頃に城下で桐油を生産し、領内だけでなく他国にも販売していた。すなわち、竹屋町（港町）の商人は天保五年（一八三四）頃に在方から油桐実を購入し、城下や他国の油商人に販売していた。彼らは文化一三年と天保六年に各一艘の回船を借り入れ、由良村の船頭を雇い、繰綿・木綿とともに桐油を大坂など他国にも販売していた（『加佐郡誌』）。この頃、桐油粕は出雲国に多く移出され、綿作の肥料となった。なお、櫨蝋は同時期に「丹後蝋」とよばれ、主に羽越地方に移出されていた。

【紀伊国】（紀伊藩）

紀伊藩は元和五年（一六一九）に成立した親藩大藩（藩祖徳川頼宣）であり、紀伊国飯野・飯高・一志・多気・度会・安芸・河曲・三重郡、大和国吉野郡三か村などを領有した。前記の『拾椎雑話』には、宝暦一〇年（一七六〇）頃に油桐が若狭・越前・但馬・石見・出雲国などとともに、紀伊国でも多く栽培されていたことを記す。天保一〇年（一八三九）の『紀伊続風土記』には、梧桐《アヲギリ》・青桐《イッサキ》とともに罌子桐《アブラギリ》が紀伊国各郡で栽培されていたと記す（『紀伊続風土記』）。鹿児島藩士の山元藤助が安政三年（一八五六）に著した『紀州熊野炭焼法一条并山産物類見聞之成行奉申上候書附』には、「一、木ノ実油、新宮辺ニテ少々絞リ方仕申候」とあり、紀伊藩新宮領では江戸末期に桐油を少し生産していた（『日本農書全集53』）。新宮領は和歌山藩の家老水野氏が有した領地で、慶応四年（一八六八）に新宮藩となった。なお、同領は江戸前期から熊野材・備長炭などの林産物が特産物となっていたが、江戸末期からは和紙・櫨蝋・陶器・漆器・硝子なども多く製造していた。

以上、明治以前の諸国における油桐実と桐油の生産についてみてきたが、それぞれの生産量は明確ではない。したがって、それらが藩領内の農業や加工業にどの位の生産割合を占めていたかを知ることはできない。ただ、明治以降には各種の統計書が作成されているので、それらを比較検討すれば、江戸末期の状況を推測することが可能である。

第二節　桐油の販売

近世の大坂は、天下の台所として膨大な生活物資の集散地であった。元禄一一年（一六九八）には大坂から京都・江戸をはじめ、諸国に菜種油・綿実油・胡麻油・荏油など七万一五八六六石余（代銀一万五〇〇〇貫匁）が販売された。その代銀率は菜種油が六八％、綿実油が二五％、胡麻油が五％、荏油が二％であった。正徳四年（一七一四）には、大坂から諸国に唯一銀一万貫を超える水油が販売された。ちなみに、同年に大坂に入荷した銀一万貫を超える商品は、米・干鰯・白木綿・紙・鉄・水油の六品であった。また、元文元年（一七三六）には畿内と西国二三か国から水油の原料である菜種が一二万石余、白油の原料である綿実が三九万貫目（重量）それぞれ大坂に回送された。江戸への油回送量は天保四年（一八三三）に一一万五〇〇〇樽（一樽三斗九升入り）にも達し、その産地内訳は大坂が三四％、灘目が二七％、尾張・伊勢・三河が二八％、播磨が一％、江戸地廻りが一％であった。関東産の油は一割にすぎず、江戸の油は東海以西の西日本に大きく依存していた（『日本植物油沿革略史』）。

ここで、大坂油問屋と江戸油問屋についてみておこう。大坂油問屋には元和二年（一六一六）に結成された京口油問屋、同三年（一六一七）の江戸積油問屋、延宝年間（一六七三〜八〇）の出油問屋などがあった。京口油問屋（三人）は中世以来の大口需要先である京都への移出を賄い、中期以降は大坂市中や西日本の油販売が重点となった。江戸積油問屋（三人↓六人）は、搾油作物の生産地と搾油業の展開が遅れた関東に油を供給した。また、出油問屋（五人↓一三人）は正保期（一六四四〜四七）に在方の搾油業者の出店という形式で出発し、各地からの油荷受機関の役割を果たした。このほか、大坂の油市場には油仲買や油小売がいた。油仲買（五五人↓一二五人）は、水油と白油を加工・調合して西日本各地に販売した。油小売は江戸後期に三一〇人から二四四人に増加した。京口油問屋・江戸積問屋は明和七年（一七七〇）に冥加銀五〇枚、嘉永四年（一八五一）に金五〇両を、出油問屋は明和七年に冥加銀三〇枚、嘉永四年に金三〇両を上納していた。ちなみに、天保以前の株仲間には、出油屋・菜種搾り油屋・菜種綿実両問屋・綿実搾り油屋・油問屋・油仲買など九八種があった。なお、油問屋の一株売与の価格は江戸後期に一〇〇〇両、仲買のそれは一二五両であった（『大阪経済史料集成・第二巻』）。

幕府は享保九年（一七二四）に油の公定価格を設定し、水油一石を銀一二三五匁、白油一石を銀一八七匁と定めたものの、当時の経済変動に対処できるはずもなく、三月には早くも廃止した。同一一年（一七二六）には菜種・綿実の売り捌きを命じ、大坂着の種物（油料作物）を大坂の問屋仲間以外の町人が取り扱うことを禁止した。また、寛保三年（一七四三）には、国内の搾油業の需要を上回る種物をすべて大坂に回送するように命じた。つまり、幕府は大坂の菜種問屋と綿実問屋の両種物問屋および搾油業の独占権を強化することによって、全国的な規模での種物と灯油の流通独占を計った（『御触書寛保集成』）。

宝暦九年（一七五九）には、大坂周辺で生産された菜種と綿実をすべて大坂両種物問屋に売却することを命じた。また、明和三年（一七六六）には、諸国に対して在方油屋の全面的な禁止に踏み切った。この統制令は菜種の販売だけでなく灯油・油粕などの購入においても、価格の面から農業経営を著しく圧迫することになったため、菜種作農民は在方の油屋・干鰯屋との自由な商品の取引を要求した。これに対し、幕府は同七年（一七七〇）に油仕法の改正を実施し、摂津・河内・和泉三か国の大坂周辺の搾油業と油市場の存在を認めたため、文政七年（一八二四）に至って摂河泉一四六〇か村に及ぶ大規模な油国訴が発生した。文政期（一八一八〜二九）には西国の諸藩が種物の独占と藩営搾油業に乗り出し、無株の油屋が増加して違反事件が相次ぎ、大坂への種物の回送量が減少をみせた。そこで、幕府は同一〇年（一八二七）の楢原謙十郎の大坂油市場の実態調査と意見書に基づき、天保三年（一八三二）に再び油仕法の改正に着手した。その結果、大坂両種物問屋のほか、新たに堺・兵庫にも種物市場が設立され、灘目油についても江戸への直積みが許可され、新規に播磨国の水車・人力搾油業も認められた（『日本農書全集50』）。

江戸油問屋は大坂油問屋に比べて遅く、明暦三年（一六五七）九月に設置された。つまり、江戸では慶安年間（一六四八〜五一）まで小売商が油の管理・販売を行っていた。その後、万治三年（一六六〇）には油仲間寄合所（油会所）が設置され、大坂下り油の売買所（油売買所）に定められた。『諸問屋并商雑類編』の享保一一年四月の項には、江戸市中の重要生活物資について次のように記す（『古事類苑・産業部二』）。

一、問屋帳面相改候ため、去年中帳面銘々差出シ候得共、紛敷品共有之、問屋帳面難極、其上商売体数々ニ而御入用ニ茂無之品茂有之候。依之此度帳面又々取直し、左の十五品之商売体計之帳面相極り候。今度帳面之致方之儀者、本問屋計と申ニ而茂無之、少々ニ而も諸国在々より、商売物取寄申候者共ハ、其訳書出させ候事ニ而候間、今度商売体之書付差出候分は、問屋ニ極り候と存候事ニ而ハ無之候間、左様可心得候（中略）。

水油　魚油　繰綿　真綿　酒　炭　薪　木綿　醤油　塩　米　味噌　生蠟　下蝋
蝋燭　紙

四月

油は江戸市中で重要生活物資一五品の中に入っていたので、その届出制は厳重であった。そのため、「少々ニ而も諸国在々より、商売物取寄申候者共」は、その旨を書いて届け出ることになっていた。その後、『拾要抄』収載の「諸問屋株式銘書」には、江戸油問屋について次のように記す（『古事類苑・産業部二』）。

一、享保・寛政両度共被立置候十仲間問屋名目貳拾貳組
内店組絹布・太物・繰綿・小間物・雛人形・蝋燭問屋
此内ニ而文化度内訳いたし、口々株札相渡申候（中略）
河岸組水油問屋　右同断（中略）
水油仕入方　薬種・砂糖問屋　右同断（中略）、凡七百貳拾八九株　此分再興可申付分
一、同断十仲間外ニ而問屋名目有之、文化度一旦附属いたし候処、古来別廉之分
呉服問屋　水油問屋　藍玉問屋　魚油問屋（中略）、凡三百四株　此分再興可申付分
一、同断十仲間問屋名目株立居候分
地廻水油問屋　同八十四五人程　魚油問屋　同三四人程（中略）
一、文化度ゟ十組内訳いたし株札相渡候分、并新規株六十組江附属之分
茶問屋　船具問屋　色油問屋　鍋釜問屋（中略）

嘉永元申年四月

河岸組水油問屋と水油仕入方は、文化一〇年（一八一三）に十仲間問屋（十組問屋）として再興され、株数が固定された。十組問屋は元禄七年（一六九四）に米問屋・塗物問屋・畳表問屋・酒問屋・紙問屋・綿問屋・薬種問屋・小間物諸色問屋が、その後内店組・釘問屋が加わって組織された。なお、米問屋は結成当初に川岸組という油問屋の仲間と入れ代わった。享和三年（一八〇三）には、釘鉄物問屋・紙問屋・薬種問屋・畳表問屋・繰綿問屋・塗物問屋・通町組・河岸組油問屋・酒問屋が十組諸問屋を組織していた。河岸下組の油仕入方は、寛政四年（一七九二）に四七人が株札を所持していた。水油問屋と魚油問屋は同年に十仲間問屋に附属したものの、古来から十仲間外問屋であった。地廻水油問屋八四、五人ほどと同魚油問屋三、四人は、同年に十仲間外問屋として株札が下付された。このほか、色油問屋は同年に十仲間問屋として株札が下付された。その後、江戸油問屋は天保改革による問屋株の停止とその後の復興や、価格引下げ令によって大打撃を受けた。前記『諸問屋并商雑類編』には、この間の事情を次のように記す。

申合

一、去丑年已来、諸色直下ゲ之筋、食類等直下ゲ為致候処、品嵩分量劣リ候ニ付、右之振ニ而ハ実用ニ叶不申候間、此度食類其外都而手製致候類ハ、品嵩或ハ掛目等ニ而、其筋ニ寄、何割安ト申儀相定候方、行届可申候事

木綿　呉服物　薬種　唐物　下駄　足駄　糸銅鈴　革類　医油　味噌　足袋　素麺　酒　砂糖　桐油　乾物　刻煙草《きざみたばこ》　塩酢　荒物石粉名類　麻苧　蕨縄　桶　薪炭　瀬戸物　苫　釘鉄　饂飩《うどん》　鍋釜　材木　紙　豆腐　蕎麦切　板　漬物　手拭湯波　麩　小間物　干麺　鰹節　香具　菓子　喜世留《きせる》　附木《つけぎ》　椎木　鼻緒　餅桐木　弧　筵　雪踏（中略）

右之通、此之段直段引下申候

天保十三寅年三月

右のように、幕府は江戸問屋の中間利得を不当所得と考え批判し、物価の一斉引下げを命じていた。江戸問屋は中間利得のほか、「売徳之外、元手に金利を掛、八重に利分を取候に付」および「廻船運賃迄をも戻と唱、内々割合問屋方より取」と、いろいろの名目で利益を得ていた。ともあれ、桐油も江戸後期に江戸市場で値下げ商品となっていた。

【若狭国】

前記『稚狭考』には、若狭油（桐油）の江戸回送ルートについて次のように記す。

宝永・正徳以来享保十年のころまでも湖上を上せ、米原・関原・鳥江をへて川舟にて桑名に出し、江戸へ海上をやりたり。此道筋大坂をへて江戸に廻船するときは益用甚多し。陸道は小浜・今津の間、鳥江・米原の間二十里に及はす、残りは湖水・海上なれはなり。江戸・小浜の間にて油四斗入壱樽に銀弐拾目はかり懸るといへり。其後此地よりは大坂・大津へのみ上せしに、美濃・尾張・東湖の売人、大津へ来りて此油を買たり。其後今津・熊川の売人中に立て売買ありしに、いつしか美濃・尾張・東湖の売人直ちに小浜へ来り買事に成たるも、故ありて近来は纔の事になりたり。（中略）桐の油滓は近江湖辺新田の培養に用ゆ、種の油滓は丹波にて煙草・草綿の培養にす。（中略）今の世諸国にも此油を出し此油を用ゆ、時世の変遷なり。

若狭油は、宝永期（一七〇四〜一〇）から享保一〇年（一七二五）まで江戸に回送された。回送ルートは今浜・今津・琵琶湖・米原・関ヶ原・鳥江・桑名・江戸で、小浜〜今津、米原〜鳥江の二〇里たらずを除けば、大部分が湖水・河水・海上を利用したため、輸送賃が油樽一箇（四斗入り）銀二〇匁と安かった。江戸回送は、享保一〇年から「大坂・大津へのみ上せし」と大坂経由に変更された。八代将軍徳川吉宗は享保改革の経済政策として、西日本から江戸に発送される生活必需品を一旦大坂市場に集積させ、そこから江戸に回送するルート維持を強化した。小浜藩は同八年の幕府の物価値下げ令に基づき、大坂経由に変更したものだろう。ただ、菜種油や菜種は寛保三年（一七四三）から大坂回送の規制対象になったが、桐油・油桐実は規制から除外され、さらに若狭国など北国筋は適用地域に含まれなかった。

その後、桐油・油桐実も次第に小浜から熊川宿・今津を経由して、京都・大坂などに輸送されるようになった。寛保二年（一七四二）二月には、桐油八八樽（一樽四斗入り）と油桐実二五〇石が熊川宿経由で大坂に輸送された。この頃、大坂の油値段は水油一石が四四一匁、桐油が三八五匁であった。ちなみに、享保四年（一七一九）には大津で熊川蔵米一石が銀三九匁、彦根蔵米が三七匁五分、種油が一六二匁、桐油が一五〇匁ほどであった。享和二年（一八〇二）には、熊川宿問屋の倉見屋・河内屋・柏屋・広島屋・菱屋・嶋屋・高嶋屋などが桐油三九二樽（一樽七九匁）を大坂に輸送していた。その後も、小浜産の桐油は明治に至るまで熊川宿を経由して、年間三三五〇樽ほどが京都・大坂に輸送された（「御用日記」）。

このように、小浜藩では享保期（一七一六〜三五）に桐油が水油と並んで全国の油市場に参加することになり、「若狭油」が成立していた。領内には搾油業者が享保期に一〇戸、元文期（一七三六～四〇）に三〇戸が、油屋が寛保期（一七四一～四四）に六〇～七〇戸、宝暦期（七五一～六四）に九九戸があった。このことは石見国から越前国に至る日本海側の諸国で油桐の栽培が本格化し、油桐実が小浜町に大量に移入されていたことを示す。桐油の増産は宝暦期に「油売屋」の流行を招き、油相場に混乱を起させた。油屋四人は宝暦一三年（一七六三）に「油問屋座」を結成して油仲を支配したものの、油相場の大変動に伴い調達金の用意も思うように任せず、やがて解散した。ちなみに、延享期（一七四四～五一）には、桐油一二万樽（二万四〇〇〇石）を商う油問屋もいたという（『小浜市史・諸家文書2』）。

敦賀町では油座が町方だけでなく、在方の搾油業・販売業を長く支配していたものの、江戸後期から在方にも油職人・油商人が現れた。敦賀郡市野々村の柴田権左衛門は、安永八年（一七七九）に近郷の村々から購入した油桐実三〇〇俵を搾り、桐油代金一五両と油粕代金一四～一五両の利潤をあげた。宝暦一二年（一七六二）には市野々村の近在に油屋が五軒、莇生野《あぞの》村に三軒もあった。すなわち、敦賀郡の在方では元文期に搾油業が始まり、宝暦期には産業の一つとなっていた。搾油業者のなかには、寛政期（一七八九～一八〇〇）に「水車稼ぎ」を行う者も現れた。三方郡白屋村には寛保二年（一七四二）頃に「水車搾り」業者が二〜三軒いたが、安政年間（一八五四〜六〇）には一二軒に増加していた（『敦賀市史・通史編上巻』）。搾油業は、水力稼ぎ業者（粉砕業者）の出現によって新局面を迎えることになった。本来、在方の搾油業はせいぜい村内の原料を用い、村内消費を対象とする自家的・副業的産業で、町方産業の支配下にあって、これを補完する役目を果たす存在に過ぎなかったが、江戸後期には近在の村々から領内一円に、さらに近隣諸国にまで原料の油桐実を求めるに至り、町方の油屋を脅かす存在にまで成長していた。こうして、在方の搾油業者（油株）は町方の支配から自立・独立し、町方の搾油業者（本株）を凌駕する勢力となった。

大飯郡本郷村では正徳年間（一七一一〜一五）に油桐実の収穫が本格化し、天明期（一七八一〜八八）には搾油業が成立していた。前記のように、江戸幕府は天保三年（一八三二）に再び油仕法を改正し、これまで大坂中心に管理してきた菜種油・綿実油を江戸中心に再編した。小浜藩はこの改正法を受けて、同四年（一八三三）九月に郷方役所から在方の油屋に「出買・直買の禁」を通達した。これは小浜油問屋・油屋仲間の訴え（油絞り草・油桐実の購入）を受けたもので、出買・直買の禁は他国船の積荷や領内の荷物について厳守すべきこと、在方の油屋は必ず小浜油問屋の手を通して仕入れすべきことを内容としていた。この通達に対し、大飯郡本郷・小堀・馬居寺三か村の油屋一九人は、上下・市場・下園村の庄屋・組合頭などとともに現行の商取引を願い出て、領内・近在からの油桐実の直接取寄・買取だけを許可された。こうしたなかで、同年一二月に本郷村産の桐油が大坂商人に直売されるという抜荷事件が発覚した。すなわち、本郷村源右衛門は熊川宿の広島屋栄三郎と小浜町の茶屋仁左衛門の口入により、小浜油問屋・油屋仲間の手を通さず桐油四〇石（一〇〇樽）を大坂に直送したため、小浜町奉行から厳重注意を受けた。しかし、本郷村の油屋中は、同五年（一八三四）一〇月にも三国から田辺に至る若狭湾沿岸から本郷湊への油桐実・菜種・櫨実の直送願を提出しており、藩の通達は厳守されていなかった（『福井県史・資料編9』）。

［越前国］

福井藩では菜種油と綿実油が「御国不用之油」であったため、領内の生産量が少なかった。松岡油屋は寛政一二年（一八〇〇）に藩の許可を得て、「沖出し」と称し種油を九頭竜川河口の三国湊に送り、同湊で他国産の桐油・油桐実と交換した。これは文化元年（一八〇四）に一時的に禁止されたものの、翌年から再開された。この頃、菜種一俵（五斗入り）の仕入値段は三六〜三七匁で、これから約二斗の水油が搾られた。三国湊の油値段は一斗が三二匁五分であり、二斗入りの一樽に付き諸掛かり物は、口銭一匁二分、冥加銀一匁、三国油問屋の立合吟味料六分、船問屋に買方・売方共から六分、問屋掛り一匁など合計五匁にもなった。したがって、油一斗に付き松岡油屋の手取は銀三〇匁ほどにしかならなかった。さらに、文化二年（一八〇五）春には、三国油屋一〇戸が一か月交替に問屋を務めることにし、油の買取りはこの一戸の問屋に限ることに決めたため、松岡油屋は打撃を受けた。

福井城下と松岡町の油屋は文化期（一八〇四〜一七）に油の取扱いを巡って争い、文化七年（一八一〇）に福井城下の油屋が城下の舟着場で松岡油屋が三国港に送る油二樽を差押さえる事件が発生した。福井油屋は翌年から「切手附仕法」に応じない油を福井城下へ持込むことを全面的に禁止した。油屋は御役油の負担もままならないほどに斜陽化したため、城下の特権的立場を利用して附切手口銭の徴収に収入源の一部を依存するほかなかった。他国の油屋は福井城下の油屋の要求に従ったものの、旧城下町の伝統をもつ松岡油屋は容易に屈せず、仲裁人を立てて交渉を続けた。松岡油屋は口銭一分を半分とすること、三国湊への油荷物の附切手を大橋下で取扱うようにすることなどの妥協案を示した。しかし、福井城下の油屋は妥協案に対しても拒否し続けた（『北陸社会の歴史的展開』）。

〔出雲国〕

油桐実は八束郡加賀浦などから船積みされ、松江城下や在方をはじめ、小浜藩の油屋に販売された。同郡大芦浦は天保七年（一八三六）に六六石余、天保八年（一八三七）に五九石余の油桐実を生産し、松江城下や在方の油屋に販売していた。大芦浦の油屋は天保八年に加賀浦や大芦浦の農民から合計三石八斗の油桐実を購入し、この実から七斗一升二合五勺の桐油を製造した。この桐油は「ごろた油」と呼ばれ、主に灯油として浦内や領内の村々に販売された。加賀・別所村では天保七年に約七〇九石、明治五年（一八七二）に約四五〇石の油桐実を栽培し、主に松江城下の油屋に販売していた。両村は天保期（一八三〇〜四四）年に油桐実を大坂に移出したともいうが、明確なことは分からない。明治五年には油桐実一俵の値段が約四六貫文で、米一俵のそれが約四四貫文であった。この頃、農家の収入は全体の約六〜七割が油桐実で占められていた。同郡野波浦の油屋は明治元年（一八六八）に桐油三〇挺を領内の浦々に販売し、金一二四両を得ていた。野波浦では油桐実の個人販売を禁止し、村問屋と村役人が協議のうえで共同販売を行っていた（『島根町誌』）。このように、松江藩では江戸後期に小浜や大坂に油桐実を多く販売しており、桐油の生産高は領内の自給を満たす程度であった。

〔加賀国〕

加賀藩では明暦四年（一六五八）以前から金沢城下に油肝煎と油問屋を置き、越中・能登両国および他国から金沢に入る油や油草を管理させた。ちなみに、運上銀は明暦元年（一六五五）に油一駄が三匁、油草一駄が一匁、油一荷が一匁、油草一荷が四分宛であった（『国事雑抄・中編』）。寛文八年（一六六八）の定書には、「一、御国之油并油草他国江出申事御停止之由ニ候事」とあり、加賀藩は同年に菜種油・荏油・魚油および菜種・荏などを津留品に指定し、他国への移出を禁止していた。その後、同一二年（一六七二）には、油・油種とともに油粕も津留品に指定された（『改作所旧記・上編』）。「津方一件」の文久四年（一八六四）三月条でも、菜種油・荏油・魚油・油粕および菜種・荏などを津留品に指定し、他国への移出を禁止していた（『日本林制史資料・金沢藩』）。なお、油屋源兵衛の先祖坪野屋源兵衛は、寛永年間（一六二四～四三）に能美郡河合村から石川郡松任村に移住し、初めて水車を用いて菜種油を生産したという。また、その子孫与助は金沢木倉町に移住し、正保年間（一六四四～四七）に倉月用水から水を引き、水車を用いて菜種油を生産したという。

加賀藩は、江戸後期に田畑の害虫駆除用油として桐油を支藩の大聖寺藩から多く購入していた。林清一家の「由緒帳」には「天保十年加越能三州稲虫附候付、為虫防金沢御算用場ヨリ木ノ実油相納候様被命、則輸納《ゆのう》仕候付銀子二枚下賜」とあって（『加賀市史料四』）、大聖寺藩の御用商人林清一は天保一〇年（一八三九）に加賀藩算用場の命に応じて、害虫駆除用の木ノ実油（桐油）を販売した。林家は代々油商を家業として、天明三年（一七八三）に加越能三か国の油締役となり、文政一〇年（一八二七）にも本藩の灯油危機に桐油を販売していた。なお、加賀藩では文政元年（一八一八）に他国他領から木ノ実油（桐油）を津入するに際し、一斗に付き口銭（手数料）一分五厘宛を賦課していた（『諸浦商物口銭御定』）。

大聖寺藩では城下に油肝煎・油種問屋を置き、油の流通・価格統制、口銭徴収、洩油の取締りなどを行わせた。油肝煎・油種問屋がいつ設置されたかは明確ではないが、江戸中期には設置されていたようだ。油肝煎の平野屋五兵衛と油種問屋の魚屋七郎右衛門は、文政元年（一八一八）に油屋とともに菜種の直接購入を藩に願い出て許可された（『加賀市史料五』）。これ以前、藩は菜種を農民から直接購入し、これを油屋に販売していた。ちなみに、運上銀は文政期（一八一八〜二九）に油役銀が五四七匁六分、油種問屋役銀が三〇一匁、たもの油役銀が金一両であった（『加賀市史料五』）。

大聖寺城下には天明六年（一七八六）に二三戸、文化元年（一八〇四）に一二戸の油屋があった。彼らは主に一〇月から二月まで桐油・椨油を、三月から九月まで菜種油・荏油を製造したという。前記『加賀江沼志稿』には、在方の小菅波村に三〇匁、森村に一〇匁、山代村に一〇匁、三木村に一〇匁、山中村に一〇匁の油臼役が課せられていたと記す(『加賀市史・資料編第一巻』)。小菅波村では桐油(二〇匁)と菜種油(一〇匁)を、その他では桐油を多く生産していた。油屋庄左衛門は江戸後期に桐油や椨油の製造で財を成し、京都の烏丸光祖に和歌を学び源直守と称した(『加賀市史・資料編第一巻』)。油値段はどのように定められたのだろうか。御郡所は江戸後期に小松・三国・金沢・大聖寺四か所の上菜種値段の平均をもって菜種油値段を定め、その「弐分下り」をもって桐油値段を決定した(『加賀市史料五』)。ちなみに、大聖寺藩では嘉永二年(一八四九)に菜種油一樽(五貫目入り)が九五匁、桐油一樽(同上)が九一匁で、菜種油一升が四三〇文、桐油一升が四一〇文であった(『七尾市史・資料編第三巻』)。

大聖寺城下には、油商売の円滑を計るため「油仲」が置かれていた。明和二年(一七六五)の定書には「一、御郡中油棒役不残退転被仰付、退転数三拾五人、札御算用場へ上ル」とあり、領内の油振売人三五人は明和二年に全員が廃された(『加賀市史料五』)。これは農民が夜中に行燈を多く使用し、高価な油の消費を浪費と考えたためであった。その後、算用場は明和五年(一七六八)に油振売人五人に一枚の鑑札を交付し、再び振売りを許可した。これ以前、享保二〇年(一七三五)にも油振売人全員が廃止されており、その増減はときの油経済に大きく左右された。町方には文化元年（一八〇四）に小商札を受けた行商人が五〇八人、このうち油札を受けた者が五五人いたが、郡方には行商人が一〇八九人もいた（『加賀市史料五』）。前記『加賀江沼志稿』には、在方の小菅波村に八匁、片山津村に八匁、塩屋村に四匁、新保村に四匁、山中村に四匁の油棒役が課せられていたと記す（『加賀市史・資料編第一巻』）。

前述のように、大聖寺藩では、江戸後期に至って桐油・桁油および油桐実・桁実を他領他国へ移出していた。桐油・桁油および油桐実・桁実はどこに移出されたのだろうか。福井藩では江戸後期に菜種油・綿種油が「御国不用之油」としてあまり製造されず、桐油・桁油が多く生産された。松岡町の油屋は寛政一二年（一八〇〇）に藩の許可を得て、「沖出し」と称して菜種油・綿種油を三国港に送り、そこで他国産の桐油・油桐実と交換した。これは文化元年（一八〇四）に一時的に禁止されたものの、翌年から油一樽に口銭一匁を上納し再開された。こうした事情から、大聖寺藩は桐油・桁油および油桐実・桁実を福井藩の三国港に移出したものだろう。ちなみに、万延元年（一八六〇）の「沖ノ口出入諸荷物御運上書」には「一、河野浦・塩屋浦より積廻り候菜種御運上（中略）当運上会所へ申達候上ハ無役之事」とあり、菜種も堀切湊（塩屋港）から三国湊に移出されていた（『三国町史』）。なお、菜種油は油肝煎・油種問屋の送り切手を受け、上方や加賀藩にも移出された。

第三節　桐油の用途

明治以前には胡麻・荏・菜種・綿実など油料作物を原料とした植物油が中心であり、これらは灯火用や田畑の害虫駆除用をはじめ、食用・防水用・焼入用・減摩用・整髪用などに使用された。また、搾油後の油粕は田畑の肥料として使用された。すでに述べたように、灯油は古代に木実油・魚油・鯨油などが、中世に胡麻油・荏油などが、近世に菜種油・綿実油などが多く使用された。桐油は、江戸時代を通して灯油や害虫駆除油をはじめ、雨合羽・唐傘・桐油障子紙・油団などの塗料となった。このほか、油粕は田畑の肥料として高額で取引され、木材は下駄や箱類の材料となった。油料作物の搾油法は、山城国大山崎八幡宮の社司が荏を搾油するために造ったという搾油具の「長木」を用いたものであった。これは長い棒の一端に轆轤を仕掛け、棒が地面と平行になるまで締め付ける構造で、この圧力で油を採取した。桐油・榨油などの搾油法も、このに準じた搾油法を用いた。

豊後国日田郡の農学者大蔵永常が文政九年（一八二六）に著した『除蝗録《じょこうろく》』には、水稲害虫の注油駆除法について次のように記す（『日本農書全集15』）。

蝗《むし》を去に用ふべき油ハ鯨油を最上とす。五嶋・平戸・熊野其外伊予より出るもの正真《しょうしん》の鯨油にして其功速なり。然れども、いろいろ雑《まじり》魚油有て見分がたし。雑魚油ハ譬へバ壱反の田に鯨油五合入て去る所へ雑魚油ハ壱升も其余も入ざれバ真の鯨油の功に及バず。此真疑《しんぎ》をしらざれバ折かくそゝぎ入て大ひに誤事あり。

○真の鯨油の直段《ねだん》は四斗樽入にて銀百目前後なり。壱升ニ而銀弐匁五分ニ付。

○九州に蝗付たる年ハ肥前及び赤間関辺《しものせきへん》を買つくす事なれバ、其時畿内辺《かみがたへん》にても銀百五拾目内外に直上《ねあが》りする也。畿内辺の商家《あきんど》ハ鯨油の直上りにて西国の蝗災《こうさい》をしる事也。

○綿核《わたざね》の油の打をろしとて絞りたるまゝ黒色の油を鯨油同やうに入て去る事なり。江州・越前・若州《わかさ》・駿州《するが》・石見・出雲辺ハ油桐多く、蝗生じたる時ハ此油を用ふるとも聞り。

○九州にてハ蝗少き間ハ塩のにがりを油のかハりに入る事あり。又ハ菜種子《なたね》油を入るなり。鯨油五合と種《た》子《ね》油壱升と対すべし。

水稲害虫の駆除油では鯨油が最上であるが、とくに五島列島・平戸島・熊野・伊予産は質がよかった。ただ、鯨油にはいろいろな魚油を混合させたものが多く、それを見分けるのは難しい。本物の鯨油値段は四斗樽入りで銀一〇〇匁、一升で銀二匁五分ほどになった。近江・越前・若狭・駿河・石見・出雲国などでは、水稲害虫の駆除油として桐油を多く使用していたという。

また、大蔵永常が天保一五年（一八四四）に著した『除蝗録後編』には、水稲害虫の桐油駆除法について次のように記す（『日本農書全集15』）。

油桐ハ桐の一種にして漢名罌子桐《あぶしとう》、一名虎子桐《こしとう》、和名荏桐《えきり》・毒油《どくゆ》、又ころび油実といへり。是を植る国は駿河・越前・若狭の国にて多く作る。其余の国にても見及べり。出雲・石見にも専ら作るよし。油に搾り菜種子油に和《くわ》して売買するに交《まじ》りたるを見分がたきほどの清油《せいゆ》なり。此油ばかりにても種子油に少しもかはることなきやう澄て明りよけれども、家人《かじん》寝入《ねいる》と其まゝ消るなり。寝床に入ても目覚て居るうちは消ることなき不思議の油なり。

○此油を毒油ともいへバ、虫に適する事鯨油に劣ることなく、菜種子油より虫をころす事ハ勝《まさ》れり。燈《とも》しにしてハ減《へり》多し。

○此桐油ハ土鍋《ほうろく》にても煎《いり》て臼にてつき粉《こ》となし、田の中にふりこミ水を藁帚《わらほうき》をもてかき交ふり込みたる粉のちりて稲株の中へ入《いる》やうすべし。然すれバ株に生じたる蝗死《しゝ》てさる也。
○前条にいふごとく粉にてふり込むことハ略にて、なるだけ其時取出し油にしぼり鯨油・菜種子油を油を田に入やうにして沃《そそぐ》べし。
桐油は若狭・越前国だけでなく、出雲・石見・駿河国など諸国でも生産されており、これは灯油としても、菜種油と少しも変わらない澄んだ明るいものである。また、水稲害虫の駆除油としては鯨油に劣らず、菜種油よりも殺虫力が勝れていた。油桐実を搾油することが困難な場合は、鍋や焙烙で炒ってから、臼で搗き砕いて粉にし、それを水田の中に入れて、水を藁箒でかき混ぜた。

さらに、前記の『農業蒙訓』には、害虫の駆除油について次のように記す（『日本農書全集5』）。
一、菜・大根に諸虫附たるにハ、鯨・鰯・の油、せゝなげ半荷《はんが》に油一合程入れ、樒《しきみ》の生葉《なまば》にてよくかき廻し、藁《わら》のぬいこ箒にて裏表より撫《なづ》るなり。（中略）諸木の虫ハ鰻《うなぎ》をくすべたるがよし。蕎麦のからをあくに出してかけたるもよし。野菜には油桐《ころび》・椋《たも》の油ハ用べからす。
一、麦・小麦に熱のつきたるハ、水一荷《か》に油桐《ころび》三勺《しやく》いれてよく樒《しきみ》の生葉《なまば》にてかき交《ま》せ、杓《しやく》にて一かんきに一はいづゝ葉先よりかくべし。穂に上りたるハ穂先よりかくべし。捨置と実の間に虫生《しょう》じ空穂《からほ》となる也。

若狭国小浜周辺では菜や大根に害虫がついたとき、桶一杯の水に鯨油や鰯油を一合ほど入れ、その汁を藁箒を用いて葉の裏表につけた。野菜の害虫駆除には桐油や椋油（薮肉桂《やぶにっけい》油）を使用してはならない。また、大麦や小麦に病気がついたときは、桶二杯の水に桐油三勺を入れて、榕の葉でよくかき混ぜ、畦の播き筋に対して杓に一杯ずつ、葉の先端からかけた。穂まで病気が進んでいる場合には、穂の先端からかけてやるのがよい。病気をそのままにしておくと、実の間に虫が発生し、実の入らない穂となった。このほか、若狭・越前国などでは稲に蝗《いなご》（ウンカ）などの虫が付いたとき、西日本で多く使用した鯨油ではなく、桐油を使用した。鯨油は天気がよくないと、熱気がこもり、虫がかえって多く発生したが、桐油はそのようなことがまったくなかった。

続いて、筑前国夜須《やす》郡曽根田村の庄屋佐藤藤右衛門が弘化二年（一八四五）に著した『蝗除試仕法書』には、椨油の使用について次のように記す（『日本農書全集31』）。

一、四国領拝仕候者、伊予国宇和郡と申所ニ而及見候由、たまぐさと申木の実を取り、油を〆立蝗除ケニ相用候由。彼油を弐扁入除ケ候跡は、其年再蝗出来不申由ニ而蝗除ケニハ此上もなき結構なる物の由。且子供の髪虱《しらみ》出来たるニ付候得は、是

又速ニ蝨死申候由。右用達之品ニ付四国ハ一統此木を仕立居申候由。甚重宝かり相
咄申候由。

伊予国宇和郡では「たまぐさ」(椨木)という木の実を採り、その油を蝗の防除に用いた。この油を二回注ぎ入れた水田では、その年は二度と蝗が発生せず、蝗を防除するにはこれ以上のものはなかった。また、子供の髪蝨の退治にもこの油を用いた。ともあれ、四国では一般的に椨木が栽培され、椨油が生産されていた。

右のように、桐油は享保期(一七一六~三五)から灯油だけでなく、田畑の害虫駆除油として多く使用された。とくに、上総・安房・伊豆・駿河・遠江・丹後・出雲国では、桐油のほとんどが害虫駆除油として使用された。このほか、延宝八年(一六八〇)の『合類大節用集』や嘉永六年(一八五三)の『近世風俗志』には、雨合羽・油紙・雨傘・油団《ゆとん》油などに桐油を使用していたことを記す。桐油合羽は江戸後期に利用が多く、江戸・大坂・京都の三都には桐油合羽を専門とする油屋も出現した。彼らは、一般の桐油屋が使用した看板とは別なものを使用した。桐油屋は「萬桐油　えびすや長右衛門」と書き、周りが弁柄塗り、系内が地黄墨書の看板を店前に出した。大坂・京都の油屋は夜間に行燈を軒に釣り、雨天にはこれを桐油紙で覆い点灯した。

桐油合羽は参勤交代の必需品であり、諸大名は大名行列に必ずこれを携帯した。加賀藩では参勤交代のときだけでなく、諸役人の巡見や村廻りにもこれを携帯した。桐油紙は、江戸中期から野外用の簡易テントや障子紙としても使用された。加賀藩の奥山廻役は毎年、黒部奥山の御林山を巡見する際に、桐油雨合羽とともに野宿用の簡易テントとして必ず桐油紙を携帯した。文化一二年（一八一五）の「奥山廻方被仰渡留帳」には「彼岸以前八月六日中嶽与申処之奥ニ野宿仕候処、霰頗ニ降候而、大躰里中之十月頃之景色相見へ、草抔も霰ニ痛枯候テ、ふき草ニ指問、漸木ノ枝葉等迄集、桐油紙抔を張候而、夜を明シ申様成儀も御座候」と記し（『黒部奥山廻記録』）、奥山廻役は黒部奥山の山中で枝葉や桐油紙を用いて野宿した。いま一例、天保六年（一八三五）の覚には「先飯米廿日分并斧・山刀・小桐油紙壱枚宛持参いたし候様、御申渡可被下候」と記し（『黒部奥山廻記録』）、奥山廻は黒部奥山の巡回に際し飯米・斧・山刀とともに小桐油紙一枚を必ず携帯した。雨傘は江戸初期にまだ荏油を塗ったものが多く、同中期からは桐油を塗ったものが次第に多くなった。ただ、日傘は江戸後期に至っても荏油を塗ったものがほとんどで、桐油を塗ったものは少なかった。

第二章　明治以降の油桐

第一節　油桐の産地

桐油は明治二〇年代に石油ランプが全国に普及したため、菜種油・荏油などとともに年々減少した。油桐畑は放棄され、やがて油桐は下駄や研磨用の炭材に伐採されて、杉林・檜林や楮畑・桑畑などに代わった。同三八年（一九〇五）頃には、油桐畑が三分の一や一〇分の一に減少した地域もあった。ちなみに、石油の輸入額は年々増加の一途をたどり、同年には菜種油の約二・四倍に達していた。植物油の生産額は菜種油が六割、木蝋が三割を占め、胡麻油・荏油・椿油・桐油などは一割にも満たなかった。なお、菜種油の生産額は大正三年（一九一四）から大豆油のそれを下回ったものの、その後も一定水準を維持し続けた。その後、桐油は明治三〇年代後半から工業用の乾性油（機械油・塗油・印刷インキ・エナメル・人造ゴムなど）として再び注目され、各地で油桐実が増産された。この頃、大阪の油商は、多くが桐油に大豆油など植物油を混ぜて販売したという。次に、大正二年（一九一三）頃の油桐の産地を示す（『油桐ノ造林法並桐油ノ調査』）。

石川県　加賀国　江沼郡（三谷・作見・南郷・大聖寺の諸町村）
福井県　越前国　丹生・坂井・今立・南条・吉田・足羽《あすわ》の諸郡

同　若狭国　三方・遠敷《おにゅう》・大飯《おおい》の諸郡
京都府　丹波国　加佐郡（四所《ししょ》・岡田中《おかだなか》・丸八江《まるやえ》・與保呂《よほろ》・西大浦・新舞鶴の諸町村）
島根県　出雲国　八束・能義・大原・飯石《いいし》・簸川《ひかわ》の諸郡
同　石見国　安濃・邇摩《にま》・巴智の諸郡
三重県　伊勢国　度会郡（沼木・小川郷・一之瀬・南海・穂原《ほはら》の諸村）
静岡県　駿河国　庵原《いはら》郡（小島・庵原の諸村）
同　伊豆国　田方郡（対馬村）
千葉県　安房国　安房郡（那古・和田・保田・平群《へぐり》・大山・曽呂《そろ》・西条・吉尾・豊田・曦《あさひ》・佐久間・富浦・瀧田・丸・東条の諸町村）
同　上総国　夷隅《いすみ》郡（西畑・老川・上瀑《かみたき》・瑞澤《みずさわ》の諸村）、君津郡（松丘・亀山・小糸・秋元・天神山・環《たまき》・関・豊岡・駒山の諸村）、長生郡（西村・東村）、市原郡
滋賀県　近江国　高島郡
山梨県　甲斐国
鳥取県　伯耆国

右のように、油桐は大正二年頃に山陰・北陸の日本海沿岸や、伊勢・駿河・伊豆・安房・上総国の太平洋沿岸の林野で多く栽培されていた。油桐は堅い粘土質の土壌に適せず、山麓の平地や緩斜面の肥沃地を好み、その結実量は植栽場所によって大きく異なった。つまり、これは山地中腹以下の表土が深い湿潤な斜面や谷間に適し、中腹以上には希に植栽された。日本海沿岸の産地は積雪が多く、海風を受けにくい南向きの緩斜面、一般には杉林周辺の雑木林に多く植栽された。若狭・越前・加賀国では中腹以下の斜面に一〇～三〇坪に一本の割合で植栽し、峰筋は肥料供給や雪崩防止のため、雑木林として残した。出雲国簸川郡では初めに雑木林を仕立て、風から苗木を保護した。伊勢国宮川流域では山麓だけでなく、耕地や宅地周辺や河岸などにも多く植栽した。若狭・丹波・出雲国では油桐林や油桐畑の中に櫨木・漆木を、伊豆田方郡では雑木林の中に楮・三椏などを混植した。このほかは油桐の単純林であった。

油桐実の価格は明治二四年（一八九一）に一石二～三円であったが、同四四年（一九一一）には七～一〇円になった。ちなみに、同四四年の価格は石川県江沼郡が一石八円、福井県福井市が一〇円、同丹生郡が七円五〇銭、同三方郡が一〇円一〇銭、京都府加佐郡が七円、島根県簸川郡が九円二〇銭、同八束郡が八円二〇銭、同能義郡が九円二五銭、三重県度会郡が七円五〇銭、静岡県田方郡が八円、平均が八円四八銭であった。なお、全国の植物油平均価格は同四五年に桐油二斗が一二円一〇銭、支那桐油が一一円五〇銭、荏油が一一円一〇銭、大豆油が八円二〇銭、綿実油八円五六銭、種油が八円八六銭、胡麻油一三円、椿油が一九円八〇銭、榧油が一〇円五〇銭であった。

桐油製法には大正二年頃に矢搾法と機械搾法（ジャッキ搾法）の二種があったが、明治後期からは後者が多く使用された。矢搾法は矢を打込み圧搾する菜種油の製法と同様であり、機械搾法はジャッキを用いて圧搾するもので、ほかに螺旋回転によって圧搾する製法があった。油桐種子は梅雨に傷みを生じたので、一〇月から翌年五月までに搾油された。矢搾法は天日乾燥または火力乾燥した油桐種子を挽臼やロールを用いて粉末にし、これを蒸釜に入れて五分間ほど蒸熱してから、欅で作られた油鉢に移し、麻敷物の中に入れて玉石を乗せ、あらかじめ抜いておいた立木の棹を差し込み、矢をはめ込み、天井から吊した槌で両方から交互に打って搾めた。福井・島根県など日本海方面は火力乾燥、千葉・静岡・三重県など太平洋方面は日光乾燥が一般的であった。一番搾りが終われば、その粕を筵《むしろ》の上で踏み砕き、乾燥・製粉・蒸熱などを行い、二番搾り・三番搾りを行った。油職人一人は矢搾法で一日に八斗〜一石、機械搾法で一石五斗〜二石ほどを搾油したという。その収量は明治四四年に石川県大聖寺町が油桐実一石に桐油一三升、福井県福井市が一六升、同県小浜町が一七升五合、島根県簸川郡が一七升八合、同県八束・能義郡が一七升六合、三重県山田町が一六升九合であった。なお、油粕（桐粕・木の実粕）は種子一石から約一五貫を得たが、その一玉規格は二貫三〇〇目、三貫、三貫七〇〇目、四貫など各地域で異なった。

次に、府県別の油桐実・桐油の生産高および全国植物油の生産高を第2表・第3表および第4表に示す。油桐実と桐油は福井県が明治後期から昭和三〇年代まで全国の過半数を生産し、これに島根・石川・千葉県・京都府などが続き、三重・静岡・和歌山県などは少なかった。石川県の桐油は大正六年（一九一七）まで千葉県より少なかったが、これは石川県が福井県に油桐実を多く移出していたためだろう。なお、和歌山県の油桐実は日本桐油でなく、大半が支那桐油であった。

［福 井 県］

油桐実と桐油は江戸中期以来、小浜藩の特産品であり、また近代においても昭和三〇年代まで福井県嶺南（敦賀・三方・遠敷・大飯郡）の特産品であり続けた。『足羽県地理誌』には、明治五年（一八七二）の足羽県（越前国五郡）の油桐実の生産高を次のように記す

第２表　府県別油桐実の生産高（石）

年　　次	千　葉	静　岡	和歌山	京　都	福　井	石　川	島　根
明治37年（1904）	495						2971
明治38年（1905）	511				6155		1525
明治39年（1906）	499				30244		2257
明治40年（1907）	519				23401		4527
明治41年（1908）	352				17806	935	3123
明治42年（1909）	315				15930	1530	
明治43年（1910）	381				11331	1600	
明治44年（1911）					12708	1500	
大正元年（1912）					20933	1330	
大正２年（1913）					13649	1862	
大正３年（1914）					17815	2091	
大正４年（1915）	664			74	11087	2150	
大正５年（1916）	646			67		2353	
大正６年（1917）	592			95		1338	
大正７年（1918）	647			94	20528	906	
大正８年（1919）	625			11			
大正９年（1920）	471			98			4933
大正10年（1921）	487			142	13702		12528
大正11年（1922）	439			344	11160		5010
大正12年（1923）	829			313	9512		7016
大正13年（1924）	786			58	6099		4100
大正14年（1925）	656			365	7640		6143
昭和元年（1926）	417			290	8146		2855
昭和２年（1927）	409			570	13270		4914
昭和３年（1928）	334			167	8985		4410
昭和４年（1929）	238			701	12195		3614
昭和５年（1930）	834			476	9543		3908
昭和６年（1931）	367			500	10520		4013
昭和７年（1932）	453		5	198	7435		5417
昭和８年（1933）	505		5	189	9937		6761
昭和９年（1934）	510		7	190	10804	1041	7249
昭和10年（1935）	459		4	165	7531	1307	5388
昭和11年（1936）	590		12	435	13698	1411	7397
昭和12年（1937）	683		42	362	9701		6426
昭和13年（1938）	616			325	10451		5904
昭和14年（1939）	442			345	8544		2133
昭和15年（1940）	371			250	8172		4161
昭和16年（1941）				122	3454		
昭和17年（1942）				125			
昭和18年（1943）						590	1866
昭和19年（1944）			206			5	130
昭和20年（1945）			71		6197	9	371
昭和21年（1946）			64		2892	8	487
昭和22年（1947）		1	62		4131	148	698
昭和23年（1948）		3	108		1314	19	968
昭和24年（1949）		3	190		2351	60	1298
昭和25年（1950）	320	3	216			23	2208

※『府県統計書』『府県農林水産統計年報』などにより作成。

第3表　府県別桐油の生産高（石）

年　　次	千　葉	静　岡	三　重	京　都	福　井	石　川	島　根
明治34年(1901)	811		15	10	2220	225	1064
明治35年(1902)	656	120	16	10	1869	346	1028
明治36年(1903)	533	100	18	11	1483	302	994
明治37年(1904)	495	80	18	14	1060	222	1007
明治38年(1905)	511	80	19	15	2135	229	1008
明治39年(1906)	449	70	17	15	2130	186	945
明治40年(1907)	517	60	18	11	2229	240	1089
明治41年(1908)	352		20	11	3002	270	931
明治42年(1909)	315	30	20	10	2713	369	879
明治43年(1910)	381	30	20	11	2490	341	1366
明治44年(1911)	329		20		3000	292	1139
大正元年(1912)	269		25		3134	295	802
大正２年(1913)	272		5		2816	229	748
大正３年(1914)	251		9	3	2625	212	961
大正４年(1915)	225	1	9	3	2860	191	765
大正５年(1916)	212	5	38	3	2495	196	1063
大正６年(1917)	180	5	43	3	3401	243	1304
大正７年(1918)	133	3	10		3467	232	1223
大正８年(1919)	137	2	13		2455		2016
大正９年(1920)	121	5	5		2596		1699
大正10年(1921)	178	5			2633		862
大正11年(1922)	169	5	77		3099		756
大正12年(1923)	142	5	16		2460		623
大正13年(1924)	115	5	7		2271		657
大正14年(1925)	115	5	72		1681		613
昭和元年(1926)	98		65		2160		618
昭和２年(1927)	100		55		1883		1351
昭和３年(1928)	252		48		2415		1074
昭和４年(1929)	228		32		2111		1006
昭和５年(1930)	211		28		3053		1126
昭和６年(1931)	404		10		1854		1712
昭和７年(1932)	344		10		1905		1139
昭和８年(1933)	101		10		1660		1423
昭和９年(1934)	155		8		2770		1416
昭和10年(1935)	150		13		1991		1060
昭和11年(1936)	120		13		3274		1211
昭和12年(1937)	336		12		1985		1620
昭和13年(1938)	278		8		1507		
昭和14年(1939)			6				560
昭和15年(1940)			18				474

※『府県統計書』『府県農商工統計表』などにより作成。なお、『油桐ノ造林法並桐油ノ調査』では、京都の生産量を明治34年が900石、同35年が580石、同36年が500石、同37年が530石、同38が520石、同39年が385石、同40年が390石、同41年が342石、同42年が289石であったと記す。ほかにも、少々生産量が異なる県がある。

第４表　全国植物油の生産高（石）

年　　代	菜種油	胡麻油	荏　油	綿種油	亜麻油	桐　油	椿　油
明治34年(1901)	240621	6134	8974	11745		4524	
明治35年(1902)	248050	8928	8911	12923		4614	
明治36年(1903)	211128	5705	9862	12034		4151	
明治37年(1904)	295991	5217	7972	14535		4206	
明治38年(1905)	194301	8244	6362	9650	1096	4019	2501
明治39年(1906)	222958	15825	9620	11354	1595	3883	769
明治40年(1907)	229090	7747	6754	8795	2364	4260	797
明治41年(1908)	247283	6992	8716	8016	4778	4051	933
明治42年(1909)	270296	7632	7277	5022	4181	4718	1219
明治43年(1910)	216213	8889	10291	6984	2741	4179	1276
明治44年(1911)	218794	8683	13025	23632			
大正元年(1912)	242835	10607	26936	19622	1905	4860	1257
大正２年(1913)	208907	10033	19524	32647	4902	4151	1749
大正３年(1914)	210986	11426	15676	28980	20981	4097	1777
大正４年(1915)	236776	19132	19258	14441	17623	4073	3646
大正５年(1916)	249966	23617	21978	17934	15949	4030	2656
大正６年(1917)	214985	16824	26920	16030	9020	5187	2911
大正７年(1918)	170455	18358	21514	16152	19707	5080	2490
大正８年(1919)	192511	17053	20426	21884	18557	4836	2838
大正９年(1920)	173671	26320	32250	26455	10861	4432	2328
大正10年(1921)	213613	30688	32666	23035	13307	3923	4587
大正11年(1922)	186427	20528	15538	15486	23386	4040	4839
大正12年(1923)	185206	31143	24002	22592	24169	3356	4501
大正13年(1924)	216765	24709	26271	26507	29326	3939	5730
大正14年(1925)	222007	32313	27856	41738	28450	3116	6012
昭和元年(1926)	229130	29623	14194	50393	21806	1425	1135
昭和２年(1927)	314754	28922	14003	46149	29654	3307	2690
昭和３年(1928)	228750	38248	16107	44587	48275	7345	2850
昭和４年(1929)	270213	36800	20617	84222	51002	3589	2537
昭和５年(1930)	293764	51932	42888	105975	22301	4411	2347
昭和６年(1931)	252323	54644	55414	63208	26225	4373	2019
昭和７年(1932)	231965	53212	66477	42119	27817	3528	1745
昭和８年(1933)	235264	44839	87072	80405	67048	3276	2133
昭和９年(1934)	328697	52130	76854	81563	73654	4373	2232
昭和10年(1935)	450406	46302	156101	157640	66469	3238	2210
昭和11年(1936)	406344	59803	252041	115545	56831	4632	2347
昭和12年(1937)	264534	54065	183941	179530	31299	3992	2255
昭和13年(1938)	260605	38065	119156	83833	28381	4244	3162
昭和14年(1939)	468440	56694	190905	33997	15673	3109	1112
昭和15年(1940)	304728	73883	14141	33913	26743	2735	1516

※『日本帝国統計年鑑』『油桐ノ造林法並桐油ノ調査』などにより作成。大豆油は上表から除いたが、大正14年（1925）からは菜種油の生産高を上回った。

（『福井市史・資料編第10巻』）。油桐実は不明な一一か村分を除けば三六五八石で、全県一二五二町村中の約一一％に相当する一二五か村で生産されていた。郡別では丹生郡が一六三七石（四四・八％）、足羽郡が八四五石（二三・一％）、坂井郡が八三二石（二二・八％）、吉田郡が一三一石、大野郡が九石の生産高を占めていた。生産村数の内訳は丹生郡が五七か村、足羽郡が二七か村、坂井郡が三六か村、吉田郡が一四か村、大野郡が一か村であった。丹生郡は県内最南端に位置し、丹生山地の西向き山腹に存した村が多く、午後の気温上昇が大きく油桐の生育に適していたため、四か村に一か村の高い割合を示していた。この頃、足羽県では油桐実が自給用の産物だけでなく、市場性の高い商品になっており、それを小浜町に移出するとともに、地元の越前嶺北で本格的に桐油を生産していた。

敦賀県（若越両国全郡）では明治六年（一八七三）に油桐実二万一三〇一石、菜種三万一七石、櫨実四万八七〇石などから菜種油・桐油七二五〇石、荏油六七九石などを生産した。油桐実は菜種の三分の二ほどの生産高であったが、江戸期以来の特産品の位地には変化がなかった。この頃、同県には搾油職人が五四一人、酒造職人が五九四人、醤油職人が一四五人ほどいた。嶺北（足羽・吉田・坂井郡）では同一二年（一八七九）に油桐実の生産高が四一四石で、足羽県（越前国五郡）の同五年の三六五八石に比べて極めて少なかった。嶺南（敦賀・三方・遠敷・大飯郡）では同六年にそれが五九〇二石で、前年の七五四三石に比べて激減していた。つまり、福井県全体では五二〇二石で、足羽県の三六五八石と嶺南の七五四三石の合計一万一二〇一石に比べて激減していた。このことは、油桐実が害虫や風害に大きく左右される変動的な生産物であったことを示す（『福井県勧業年報』）。

三方郡白屋・倉見・成願寺・植野・能登野村では、明治六年（一八七三）に油桐実五三一俵から桐油一一二石を生産したが、これは足羽県全体の五分の一にもなった。油桐実一石からは桐油一斗五升ほどが生産されたので、桐油一一二石の生産には油桐実七三〇石ほどが必要であった。このことは、五か村以外から四二〇石ほどの油桐実が移入されていたことを示す。白屋村は水車を利用し、三方郡内で最大の搾油量を誇っていた。この頃、五か村では搾油業を一〇月二八日から翌年四月二三日まで行い、油職人は一人一日に油桐実二俵を搾め、油桐実一俵（五斗入り）から桐油七～九升と油粕二箇半を生産した。油樽には二斗と四斗の二種があり、油粕一箇は二貫半（乾燥二貫目）であった（『福井県史・資料編10』）。

油桐実の生産高は明治一二年（一八七九）に敦賀郡が一四三石、大飯郡が二〇〇石、三方郡が一七六六石、遠敷郡が三五二〇石と減少し、三方・遠敷両郡が滋賀県全体の九〇％を占めていた。なお、近江国では神崎郡が二〇八石、高島郡が六四石で、全県の僅か四・

六%を占めるに過ぎなかった。桐油の生産高も三方郡が五〇石（六・三%）、小浜町を有する遠敷郡が七三八石（九三・七%）で、両郡が全県の桐油を独占していた。大飯・敦賀両郡は皆無に近く、旧城下町の小浜町が諸職人の強みを発揮していた。在方の搾油業は、町方のそれを圧倒するまでに至っていなかった（『滋賀県治一覧表』）。敦賀郡では八〇%以上の油桐実が東北部の東浦と東郷で生産され、平野部の中郷や敦賀平島の松原地区は皆無に近かった。このことは、油桐実が西陽を受ける山腹と暖流の影響を受けた地域で栽培されたことを示す。この頃、油桐実の多くは敦賀港から小浜港に送られていた。福井県では明治一六年（一八八三）に油桐実一俵（五斗入り）が一円七〇銭、菜種一俵（同上）が二円八五銭、種粕一箇（一〇貫目）が一円三〇銭、油桐実粕（同上）が一円三〇銭で、三国港では同年に種油（二斗入り）が四円一五〜四〇銭、桐油（同上）が四円〜四円一〇銭であった（『福井県勧業月報』）。

油桐実の生産高は明治二一年（一八八八）に嶺北が八二七二石（二一・二%）、嶺南が三万九〇〇九石（七八・八%）であった。油桐実は嶺北の坂井・丹生・南条郡の臨海部で増産されたものの、依然として嶺南の特産物であった。ところが、桐油の生産高は嶺北が一四三八石を占め、嶺南の一四〇二石を超えた。嶺南の油桐実三万九〇〇九石は通年であれば、四七六四石の桐油が生産されたが、この年は僅か一四〇二石しか生産できなかった。遠敷・三方両郡には搾油職人が一二二人いたので、彼らの稼働率は半分以下であった。彼らは冬季に一日二俵（一石）の油桐実を搾り、三四〇〇石の桐油を生産した。同二二年の生産高は嶺北が一二三六石（二六・九％）、嶺南が三三五一石（七三・一％）であり、桐油も年度格差の大きい商品であった（『福井県商工年報』）。

次に、福井県の油桐実・桐油および植物油の生産高を第5表・第6表および第7表に示す。福井県では桐油と菜種油が多く、これに荏油・椿油・胡麻油・木蝋などが続いた。木蝋は明治七年（一八七四）に福井県が全国第一位の生産高を占めていたものの、その後は漸次減少した。つまり、木蝋の原料は同二一年（一八八八）に頃に菜種の二〇分の一、油桐実の五分の一に生産高が減少していた。なお、櫨実は嶺北にはみられない嶺南の特産物で、古く九州から移入されたものという。ちなみに、同二一年の主要農産物の生産高は、米が六二万六七六五石余、大麦が五万七一六〇石余、油桐実が三万九〇〇九石余、繭が三万三〇二五石、菜種が二万三七四五石余などであった（『福井県商工年報』）。

桐油・種油は明治二〇年代に石油ランプが急激に普及したため、灯油としての地位を喪失したものの、その後も一定水準の生産高を維持し続けた。油桐実は明治二一年に三万九

第5表　福井県油桐実の生産高（石）

年　次	合　計	坂　井	丹　生	三　方	遠　敷	大　飯
明治38年(1905)	6155	137	772	1306	1787	1704
明治39年(1906)	30244	219	15426	4335	5256	4085
明治40年(1907)	23401	208	9459	4449	2071	3450
明治41年(1908)	17806	160	3590	5492	5363	2281
明治42年(1909)	15930	172	2388	3212	7548	2064
明治43年(1910)	11331	94	2566	2083	4107	1512
明治44年(1911)	12708	988	2409	3511	3276	1706
大正元年(1912)	20933	1826	4099	4147	3774	2706
大正２年(1913)	13649	1531	3696	1872	2121	1016
大正３年(1914)	17815	1702	4133	2670	3555	1951
大正４年(1915)	11087	712	3203	2080	2193	1657
大正７年(1918)	20528	593	3630	4177	7475	2227
大正10年(1921)	13702	2081	2463	3266	2525	1022
大正11年(1922)	11899	1202	1790	3756	3769	871
大正12年(1923)	9512	805	2270	2093	3005	898
大正13年(1924)	6099	721	1525	1158	1697	639
大正14年(1925)	8146	760	1720	2995	1532	375
昭和元年(1926)	6382	672	1350	1972	1435	620
昭和２年(1927)	19485	1639	2035	11473	2423	1059
昭和３年(1928)	8985	1511	1721	2449	1921	555
昭和４年(1929)	12195	1610	1753	4613	2617	848
昭和５年(1930)	9543	485	1400	4516	1815	589
昭和６年(1931)	10520	502	1834	4401	2550	533
昭和７年(1932)	7435	455	1545	2328	1900	515
昭和８年(1933)	9937	1150	2173	2692	2199	913
昭和９年(1934)	10804	1210	2251	3013	2293	1262
昭和10年(1935)	7531	928	1423	1812	1702	858
昭和11年(1936)	13698	1599	3560	3072	2236	1233
昭和12年(1937)	9701	1581	2236	1920	2073	1252
昭和13年(1938)	10451	1606	2841	2367	2033	668
昭和14年(1939)	8544	931	1980	2135	1894	967
昭和15年(1940)	8172	909	2098	1862	1911	882
昭和16年(1941)	3454	549	719	1447	468	119

※『福井県統計書』『福井県統計年鑑』『福井県農林水産統計年報』などにより作成。

第６表　福井県桐油の生産高（石）

年　　次	合　計	福　井	坂　井	丹　生	敦　賀	三　方	遠　敷
明治35年(1902)	1869	200	476	209	41	127	478
明治36年(1903)	1483	245		155		187	850
明治37年(1904)	1060	110	22	229			674
明治38年(1905)	2135	250	245	156	284	237	684
明治39年(1906)	2130	350	236	181	473	153	433
明治40年(1907)	3002		893	325	372	161	834
明治43年(1910)	2490	350	497	214	25	387	634
明治44年(1911)	3000	500	410	188	25	376	1133
大正元年(1912)	3134						
大正２年(1913)	2816	500	430	197	22	338	954
大正３年(1914)	2635	500	452	373	146	270	515
大正４年(1915)	2860	420	471	187	117	256	1098
大正５年(1916)	2495	500	576	172	117	375	852
大正６年(1917)	3401	700	687	143	100	339	1177
昭和２年(1927)	1883		776	90	254	237	429
昭和３年(1928)	2415		739	63	201	403	872
昭和４年(1929)	2111		742	308	271	231	422
昭和５年(1930)	3053						
昭和６年(1931)	1854		817		377	220	303
昭和７年(1932)	1905		798	107	251	370	334
昭和８年(1933)	1660						
昭和９年(1934)	2770		1217	63	377	272	568
昭和10年(1935)	1991						
昭和11年(1936)	3274						
昭和12年(1937)	1985			12	501	220	168
昭和13年(1938)	1507						
昭和14年(1939)	2193						
昭和15年(1940)	1684						

※『福井県統計書』『福井県統計年鑑』『福井県農林水産統計年報』などにより作成。
昭和元年以降の生産高は斤単位であり、石高に概算したもの。

第７表　福井県植物油の生産高（石）

年　　次	桐　油	菜種油	胡麻油	荏　油	椿　油
明治27年(1894)	5758	3698	28	137	
明治28年(1895)	5472	3902	24	404	
明治29年(1896)	3866	2930	7	101	
明治30年(1897)	4340	2655	11	118	
明治31年(1898)	4442	3422	7	116	
明治32年(1899)	2004	3958	7	144	
明治33年(1900)	1536	4279	129	381	
明治34年(1901)	2220	6886	79	128	
明治35年(1902)	1869	6913	287	92	
明治36年(1903)	1483	4622	81	146	
明治37年(1904)	1060	2161	3	104	
明治38年(1905)	2135	3134	3	234	1543
明治39年(1906)	2130	2207	1	227	113
明治40年(1907)	3002	1104		214	13
明治41年(1908)	2405	1040		111	14
明治42年(1909)	3713	1145	1	92	18
明治43年(1910)	2490	1122	2	126	24
明治44年(1911)	3000	1207	1	120	25
大正元年(1912)	3134	925	2	124	22
大正２年(1913)	2816	986	2	138	21
大正３年(1914)	2625	1060	9	133	17
大正４年(1915)	2860	1383	2	134	8
大正５年(1916)	2495	1025	2	97	20
大正６年(1917)	3401	1138	2	101	16
大正７年(1918)	3467	1344	3	52	10
大正８年(1919)	2455	1182		386	39
大正９年(1920)	2596	1277		373	18
大正10年(1921)	2633	946	1	141	8
大正11年(1922)	3099	765	1	87	7
大正12年(1923)	2460	714	2	77	13
大正13年(1924)	2271	636		347	4
大正14年(1925)	1681	599	2	29	5
昭和元年(1926)	2160	821	2	39	38
昭和２年(1927)	1883	764	2	34	95
昭和３年(1928)	2415	579	2	21	61
昭和４年(1929)	2111	747	2	19	108
昭和５年(1930)	3053	751	2	19	96
昭和６年(1931)	1854	664		33	94
昭和７年(1932)	1905	427		45	5
昭和８年(1933)	1660	561			5
昭和９年(1934)	2770	569			13

※『福井県統計書』『福井県商工年報』などにより作成。

〇〇九石が生産され、同五年（一八七二）のそれを二倍近くも上回った。なお、菜種は同二一年に二万六九六五石が生産されたが、増産の要因には京阪・伊勢・三丹（丹波・丹後・但馬）・加賀などに加え、新たに北海道・美濃・尾張などへの販路拡大があった（『福井県統計書』）。このことは明治一〇年代から日本にも産業革命が始まり、濃尾地方に紡績業・織物業が広汎に勃興し、その機械油に桐油や種油を使用したことを示す。

油桐実の増産は嶺北の坂井・丹生両郡でとくに顕著で、南条・今立両郡がこれに続いた。嶺北の平坦地や奥越盆地では油桐実の生産が進まず、坂井郡の丘陵地や丹南山間地で急速な拡大をみせた。嶺北は明治二一年から嶺南と同量または少し超え、嶺南でも三方郡が遠敷郡を抜き、県内の油桐実の生産地図が大きく変化した。なお、油桐実の生産額は同二二年に六万二〇〇〇円で、菜種のそれ一三万九〇〇〇円に比べて半分ほどであった。嶺南では油桐実が全農産額の三・一％を占めていたものの、県下では僅か一・三％に過ぎなかった（『福井県商工年報』）。

福井県では大正後期から昭和前期に油桐実の生産高が七〇〇〇～一万三〇〇〇石になり、明治六年（一八七三）のそれと比べても半分から三分の一に低下した。低下の要因は昭和初期に原産地の中国産桐油が大量に輸入されたこと、家庭への電灯が普及し灯油が減少したことなどであった。中国産桐油は満州事変から日中戦争と戦争が拡大するなかで輸入が減少したため、国内の製油業が盛んになった。昭和九年（一九三四）には全国の油桐実の生産高が一八五〇トンで、うち本県が一〇五〇トン（五七％）を占め、これに島根（二七％）・千葉・石川・和歌山県が続いた。桐油は太平洋戦争に突入するなかで、国の統制物資に指定された。つまり、桐油は国内産原油の絶対的不足と石油化学工業の未発達のため、飛行機・精密機械の潤滑油や塗料、印刷インキの溶剤として重用された。桐油は灯油から一般機械油へ、さらに高級機械油へと移り、新たな需要が生じた。

戦後、桐油は昭和二四年（一九四九）頃から始まった石油化学工業の発達に伴い、同三〇年代には需要が激減した。すなわち、油桐実の生産高も同二〇年に六一九七石、同二一年に二八九二石、同二二年に四一三一石、同二三年に一三一四石、同二四年に二三五一石と減少し、同二六年には僅か八五七石となった。このように、桐油の生産高は同三〇年の一万九六九三石を除けば年々減少し、同四一年に三方町西田農協の集荷をもって終焉した（『福井県の農林水産業』）。

〔島根県〕

島根県でも明治二〇年代に石油ランプが普及し、器械油・油紙・雨合羽・塗料油などを除く桐油の使用が減少したため、油桐実の生産も減少した。油木畑は油桐実の価格低下に伴って荒廃し、同三〇年代に油桐の老木が多く下駄材・染色材として伐採された。そのため、松江市・安来町をはじめ、簸川・八束・能義郡の油職人は次第に減少した。その後、油桐実は同三〇年代後半から大正期に桐油が工業用油として多く使用されるようになり、再び増産に向かった。油桐実は島根県の中央部より海岸部に至る八束・邇摩・簸川郡で生産が多く、これに邑智・能義・大原郡が続いた。

　島根県では明治三七年（一九〇四）に二九七一石、同三八年に一五二五石、同三九年に二二五七石、同四〇年に四五二七石、同四一年に三一二三石の油桐実が生産された。郡別の内訳は同三七年に八束が一七九六石、大原が三六〇石、邇摩が二三四石、邑智が四三石、飯石が三七石、那賀が三六石、簸川が一六石、能義が六石で、同三八年に大原が五九〇石、八束が五六六石、邇摩が二五九石、那賀が三六石、簸川が三二石、邑智が二三石、飯石が一七石、能義が三石で、同三九年に八束が一一四八石、大原が六一四石、邇摩が二四八石、能義が九八石、那賀が四二石、簸川が三二石、邑智が二〇石、飯石が一〇石であった（『島根県統計書』）。すでに述べたように、油桐実一石の価格は同四四年に簸川郡鰐淵村が一石九円二〇銭、八束郡本荘村が八円二〇銭、能義郡広瀬町が九円二五銭であった。

その後、油桐実の生産高は大正期に大原郡が減少し、邇摩・簸川・邑智郡が増加した。これは大正九年（一九二〇）に四九三三石、同一〇年に一万二五二八石、同一一年に五〇一〇石、同一二年に六九六七石、同一三年に四一〇〇石が生産された。郡別の内訳は同一〇年に八束が八二一六石、簸川が一五九三石、大原が一三六石、邇摩が一〇四九石、能義が二〇〇石、邑智が六一石、飯石が四三石、那賀が二五石で、同一一年に八束が二一四五石、邇摩が一一〇五石、簸川が八一二石、邑智が五二八石、能義が二〇〇石、大原が九〇石、飯石が八〇石、那賀が一六石で、同一二年に那賀二五〇〇石、八束が二一四五石、邇摩が一一一五石、大原が四〇八石、簸川が三二七石、邑智が二四五石、能義が一四七石、飯石が八〇石であった（『島根県統計書』）。

油桐実の生産高は、日中戦争から第二次世界大戦まで増加が続いた。これは昭和七年（一九三二）に五四一七石、同九年に七二四九石、同一一年に七三九七石、同一三年に五九〇四石と増加した。郡別の内訳は同一一年に八束が三〇二二石、邇摩が一五五一石、邑智が一二七五石、簸川が九四四石、大原が三八九石、能義が二一〇石、那賀が七石で、同一二年に八束が三〇五六石、邇摩が一三三三石、簸川が八七五石、大原が五〇二石、邑智が四三〇石、能義が二二〇石、那賀が一〇石、海士が二石であった。ちなみに、町村別の内訳は同一二年に邇摩郡湯里村が五七八石、八東郡加賀村が五五〇石、大原郡海潮村が五四一石、八東郡野波村が五〇〇石、同郡大芦村が三八五石、同郡講武村が三六三石、邑智郡谷住郷村が三四〇石、簸川郡鰐淵村が二四〇石、八東郡熊野村が二〇五石、同郡美保関町が二〇〇石、能義郡山佐村が二〇〇石などであった（『島根県統計書』）。

八東郡野波村では第二次世界大戦まで藩政期以来の造林方法を踏襲し、組（二五戸）に分割された山林を共同で油桐畑に造成していた。組全員の共同造林を「大仲間」（五組）、組内のそれを「小仲間」と称した。各組長は油桐畑を管理するとともに、油桐実の俵詰や共同販売を指導し、その売却金を年末に生産者に分配した。油桐の生産者は、この藩政期以来の経済政策を厳守しながら生計を立てていた。野波村では明治前期の地租改正により油桐畑の所有権が組員の代表名義となったものの、その後も油桐実の個人販売が禁止されていた。同村では昭和一〇年（一九三五）から油桐畑の開墾とともに支那油桐の植栽を行ない、数年後にその実を大阪市の吉原製油所で分析した結果、その最下位と認定された。ともあれ、同村では各村が油桐実の生産を減少させるなか、同一一年に至っても生産高一〇〇〇石を超え、約三割の増収をあげていた。これは油桐畑の植栽や油桐実の販売について村が統制していたためで、この統制がなければ他村のように衰微が早かったであろう

（『島根県農業会報』）。

邇摩郡井田村では明治二〇年（一八八七）頃に油桐実一石を一円五〇銭、同三〇年～同四〇年頃に二円五〇銭で大阪・松江市などに移出していた。この頃、井田村では養蚕のほかに副業が少なく、油桐実と桐油の生産が重要な収入源となっていた。同村では日露戦争後に油桐の樹皮が染料となったため、何万本もの油桐を伐採し、その樹皮を樹木とともに温泉津港から大阪に移出した。樹皮は大正元年（一九一二）から同四年まで一駄（三〇貫目）が二五～三〇円で移出されたものの、翌年の樹皮の価格低落により中止された。油桐実は第一次世界大戦の影響により同六～同九年まで価格が石三〇円と高騰したものの、同一〇年から一〇円前後に下がり、昭和八年（一九三三）頃から五～六円になった。農民は堆肥を施した畑に一尺五寸の畦を造り、そこに三～五寸ごとに外皮を取去った種子を蒔き、二～三年苗を開墾した山間部に四間おきに植栽した。油桐は植栽後の五年目頃から結実し、一四～一五年目頃から本格的に収穫できたが、その収穫量は反別（一五～二〇本）三～四石であった。油桐は元来樹齢が短く、四〇年目頃から漸次収穫量が減少して五〇～六〇年目で枯死した。農民は九月下旬に自然落下を待たず、竿を用いて油桐実を打ち落し、それを収集・乾燥して農閑期に牛に踏ませて外皮と種子を分離させた。乾燥種子は、一石二斗六升（三五〜三六貫目）を一俵として売買された。なお、簸川郡は六斗三升、八束郡は五斗一升、能義郡は五斗四升、石見国は六斗二升、丹波国は五斗、伊勢国は五斗五升、駿河・伊豆国は四斗、その他は五斗を一俵とした（『島根県農会の郷土誌』）。

島根県では昭和七年（一九三二）に油桐畑の造成を奨励し、各町村に多くの油桐増殖組合を設置した。これは同七年に邇摩郡湯里村西田（三〇町歩）・簸川郡北浜村（六五町歩）の二組合、同八年に邇摩郡大国村（二五町歩）・簸川郡鰐淵村（三〇町歩）などの五組合、同九年に八束郡野波村（八〇町歩）・能義郡山佐村（三〇町歩）などの八組合、同一〇年に大原郡阿用村（五〇町歩）・邇摩郡久利村（二五町歩）などの九組合、同一一年に八束郡古江村（二五町歩）・能義郡広瀬町祖火谷（五〇町歩）などの六組合、同一二年に簸川郡鵜鷺村（三七町歩）・八束郡加賀村（二五町歩）などの七組合、同一三年に邑智郡口羽村（一〇〇町歩）・大原郡海潮村（一五〇町歩）などの七組合が設置された。これらの組合は同一三年（一九三八）までに一六〇二町歩（支那油桐畑一九三町歩を含む）の油桐畑を造成し、ここに九六万四〇〇本の油桐を植栽した（『島根県の油桐』）。

松江市・美保関村・境・安来・杵築町などは明治前期に在方から油桐実を購入し、桐油を生産して県内や大阪に移出していた。桐油の生産高は明治二〇年代まで正確な記録がないものの、七〇〇～八〇〇石が生産されたものだろう。その後、桐油は明治三〇年（一八九七）に七四五石、同三五年に一〇二八石、同三七年に一〇〇七石、同三八年に一〇〇八石、同三九年に九四五石、同四〇年に一〇八九石が生産された。郡市別の内訳は同三〇年に邑智が二二四石、八束が一一九石、能義が九五石、邇摩が九三石、松江が七〇石、安濃が三九石、簸川が三七石、那賀が三二石、大原が三〇石、飯石が五石で、同三七年に八束が二八九石、邑智が一六一石、簸川が一二一石、邇摩が八五石、松江が七七石、大原が三七石、安濃が三三石、那賀が二八石、飯石が一〇石で、同三八年に八束が二一八石、能義が一七八石、邑智が一五五石、簸川が一四八石、松江が一二六石、安濃が五二石、那賀が五〇石、邇摩が四二石、大原が二五石、飯石が一二石であった（『島根県統計書』）。

　次に、島根県の油桐実・桐油および植物油の生産高を第8表・第9表および第10表に示す。島根県では桐油・生蝋・菜種油が多く、これに胡麻油・綿種油・椿油などが続いた。桐油の生産高は明治後期に全国第二位であり、これは大正期を経て第二次世界大戦まで変動がなかった。これに比べて、菜種の生産高は明治三八年（一九〇五）に全国四〇位（二七七五石）、昭和一五年（一九四〇）までの平均が二一四一石であり、菜種油のそれは四二位（三九四石）、昭和一一年までの平均が五六二石ほどであった。ちなみに、明治二一

第8表　島根県油桐実の生産高（石）

年　次	合　計	八　束	能　義	大　原	簸　川	邇　摩	邑　智
明治37年（1904）	2971	1796	5	760	16	234	43
明治38年（1905）	1525	566	3	590	32	259	23
明治39年（1906）	2257	1148	98	614	32	248	20
明治40年（1907）	4527	3473	97	604	9	269	20
明治41年（1908）	3123	2136	97	600	9	52	179
大正９年（1920）	4933						
大正10年（1921）	12528	8216	200	1316	1593	1049	61
大正11年（1922）	5010	2145	200	90	812	1105	528
大正12年（1923）	7016	2145	147	408	327	1115	245
大正13年（1924）	4100						
大正14年（1925）	6143	1818	69	278	413	1120	384
昭和元年（1926）	2855	1454	72	182	219	862	11
昭和２年（1927）	4914	2751	75	282	635	1035	109
昭和３年（1928）	4410	2260	132	210	688	925	178
昭和４年（1929）	3614	1790	105	177	603	828	70
昭和５年（1930）	3908	2402	100	185	310	437	431
昭和６年（1931）	4013	2051	70	85	329	830	605
昭和７年（1932）	5417	2604	70	190	439	1202	874
昭和８年（1933）	6761	2995	110	247	1469	1178	755
昭和９年（1934）	7249						
昭和10年（1935）	5388	2300	260	592	485	1346	398
昭和11年（1936）	7397	3021	210	389	944	1551	1275
昭和12年（1937）	6426	3056	220	502	875	1333	430
昭和13年（1938）	5904						
昭和14年（1939）	2133	1025	105	135	156	612	91
昭和15年（1940）	4161	2511	95	81	552	709	202

※『島根県統計書』『島根県農林水産統計年報』などにより作成。

年（一八八八）の主要農産物の生産高は、米が八二万三七七二石余、大麦が一九万四六三〇石余、綿が二万二三七五石余、櫨が一万一六八七石、桐油実が四七八三石余などであった（『島根県農事調査摘要』）。

ところで、菜種の全国生産高は明治二七年から昭和二年（一九二七）までの平均が五八五石ほどで、明治三八年に北海道が一七万七〇八四石で最も多く、これに福岡（九万四〇二二

第９表　島根県桐油の生産高（石）

年次	合計	松江	八束	能義	簸川	邇摩	邑智
明治37年（1904）	1007	77	289	165	121	85	161
明治39年（1906）	745	70	119	95	37	93	224
明治41年（1908）	931	105	131	169	124	107	149
明治43年（1910）	1366	500	232	160	100	107	204
大正元年（1912）	802	160	199	80	89	92	125
大正３年（1914）	961	248	134	86	76	298	70
大正５年（1916）	1063	240	174	293	48	151	80
大正７年（1918）	1223	183	253	306	48	342	60
大正９年（1920）	1699	884	140	290	22	193	150
大正11年（1922）	756	323	96	208	30	52	35
大正14年（1925）	613	95	87	255	7	56	100
昭和元年（1926）	618	106	64	366	9	50	11
昭和３年（1928）	1075	203	319	77	3	35	4
昭和５年（1930）	1126	463	198	377	1	39	18
昭和７年（1932）	1139	612	133	309	3	35	23
昭和10年（1935）	1060	49	408	555	8	40	
昭和11年（1936）	1211	255	306	623		27	

※『島根県統計書』『島根県農工商統計表』などにより作成。

石）・鹿児島（九万三八五二石）・三重（七万二七三二石）・滋賀（六万四三八九石）・大阪（五万七八一五石）などの府県が続いた（『日本植物油脂沿革略史』）。北海道・鹿児島県の菜種は地元の消費分を除き、大阪・福井・三重・福岡などに多く移出された。北海道のそれは敦賀港に荷揚げされたのち、鉄道で滋賀・大阪などに輸送された。菜種油は明治三八年に植物油の六割を占め、全国で約一〇〇万石の菜種から約二一万石が生産された。府県別の生産高は大阪（四万九八一八石）・福岡（二万二五四一石）・滋賀（二万九〇六石）・三重（一万三四三四石）・鹿児島（八七六九石）などで過半に達し、愛知・熊本・山口・長崎・佐賀県などで七割を占めていた。生蝋は九州各県に

第10表　島根県植物油の生産高（石）

年　　次	桐　油	菜種油	胡麻油	綿種油	椿　油	生　蝋
明治30年（1897）	745	845	146	30	20	
明治31年（1898）		858				
明治32年（1899）		468				
明治33年（1900）		466	77	52		2264
明治34年（1901）		308	124	30	16	1292
明治35年（1902）		385	35	35		1642
明治36年（1903）		349	35	28		1096
明治37年（1904）	1007	395	38	70	25	797
明治38年（1905）	1008	394	46	50	85	1216
明治39年（1906）	745	479	146	30	20	1321
明治40年（1907）	1089	517	90	18	23	1124
明治41年（1908）	931	461	60		34	1533
明治42年（1909）	879	631	39	7	8	1379
明治43年（1910）	1366	599	22	30	16	1419
明治44年（1911）	1139	542	41	35	20	1334
大正元年（1912）	802	702	36	18	13	1207
大正２年（1913）	748	490	37	30	25	
大正３年（1914）	961	533	45	20	22	
大正４年（1915）	765	570	74	34	41	
大正５年（1916）	1063	509	127	30	30	
大正６年（1917）	1304	509	67	31	27	
大正７年（1918）	1223	444	129	7	19	
大正８年（1919）	2016	1164	253	10	23	1660
大正９年（1920）	1699	1284	241	10	27	2342
大正10年（1921）	862	415	99	36	32	1950
大正11年（1922）	756	380	109	36	17	1756
大正12年（1923）	623	395	138	36	24	1161
大正13年（1924）	657	389	109	8	16	1186
大正14年（1925）	613	440	102	9	27	1034
昭和元年（1926）	618	327	90	8	8	
昭和２年（1927）	1352	413	170	12	15	
昭和３年（1928）	1075	456	113		9	
昭和４年（1929）	1006	390	114		8	
昭和５年（1930）	1126	650	47	2	4	
昭和６年（1931）	1712	660	59	16	5	
昭和７年（1932）	1139	467	42	9	13	
昭和８年（1933）	1423	377	47	10	7	
昭和９年（1934）	1416	351	24	10	7	
昭和10年（1935）	1060	433	38		5	
昭和11年（1936）	1211	600	21		6	
昭和12年（1937）	1620	370	11		3	

※『島根県統計書』『島根県農工商統計表』などにより作成。

比べて少ないものの、同三八年に一二一六石、同三九年に一三二一石、同四〇年に一一二四石と全国九位の生産高であった（『日本の櫨と木蠟』）。

最後に、邑智郡谷住郷村の製油方法を簡単に示す。油桐実の種子は農民が九月下旬に長い竿で叩き落とし、足で踏んで殻から取り出したものを使用した。これは室の棚で乾燥されたのち、臼で搗いて粉末にされた。このとき、先に砕いた種子を荒い目の「とおし」に掛け粉末を取って、新しい乾燥種子を加えた。粉末は丸桶（約一斗四升）に入れられたのち、湯をたぎらした五升釜に漬けて約一〇分間蒸気された。それは欅で作られた直径一尺三寸、深さ五寸の穴が開いた油鉢に移された。穴の中には鉄輪三箇と「くれ」という鉄板三〇枚が円形に立てられ、その内側に「いご」という麻敷物が敷かれていた。蒸気した粉末は底部が幅八寸、長さ一尺八寸の円形になった麻敷物の中に入れられたのち、麻敷物の上から玉石が乗せられた。これをあらかじめ抜いておいた立木の棹を差し込み、矢をはめ込み、天井から吊した槌で両方から交互に打って搾めた。油は穴の回りの「くれ」や金輪を伝い、油鉢の底面に切られた樋を流れ、鉢底の横穴を通って外に掛けられた金桶に溜まった。一番搾りは油が七割しか出ないので、搾めたものを筵の上で踏み砕き、乾燥・製粉・蒸気などを行ったのち、二番搾りを実施した。元気な男子は立木搾油器を使用して一日に約二斗の桐油を搾った（支那油桐の場合は約三斗）。油粕は俵（三貫目）に詰められて農家に販売された。製油方法は福井県のそれと同様であったものの、福井県が種子の乾燥を囲炉裏に上に設けられた「アマ」に広げて行った点だけ異なっていた（『桜江町誌・上巻』）。

［石 川 県］

油桐実は、明治前期に三谷・三木・河南・山代・作見・東谷口・東谷奥など江沼郡の村々で生産されていた。つまり、江沼郡の油桐実の生産高は、そのまま石川県のそれとなった。ただ、動橋川以北の村々は、大正期から油桐実をほとんど生産しなくなった。江沼郡でも明治二〇年代に石油ランプの普及に伴い桐油の需要が減少したため、油桐実の価格が下落して油桐が多く伐採された。その後、油桐実は同三〇年代から桐油が工業用に多く使用されるようになったため、再び増産に向かった。農民は放置されていた油桐畑を手入れするとともに、新たに山畑を拓いて油桐苗を植栽した。なお、油桐は同三七年（一九〇四）から樹皮の需要が高まり、樹皮を剥ぐために伐採された。

その後、油桐実は明治四一年に九三五石、同四二年に一五三〇石、同四三年に一六〇〇石、同四四年に一五〇〇石、大正元年（一九一二）に一三三〇石、同二年に一八六二石、同三年に二〇九一石、同四年に二一五〇石、同五年に二三五三石が生産された。村別の内訳は大正三年に三谷が一五〇〇石、三木が四五〇石、河南が六〇石、山代が五〇石、東谷口が一七石、作見が一五石で、三谷・三木両村が江沼郡全体の九二％を占めていた。このほか、福田・黒崎・潮津・西谷・東谷奥・勅使などの村々でも若干の油桐実が生産されていた。この頃、三谷・三木・山代村では鞁皮用單寧《たんにん》原料となった油桐の樹皮七〇〇〇貫目以上を生産し、大阪に販売していた（『石川県の林業（続）』）。

『石川県の林業』には、大正期における江沼郡の油桐実について次のように記す（『石川県の林業』）。

三谷村に於ては重要産物の一つに数え年産一万以上に達するを以て自然販売法を講究す。種子の調整方法に依りカチ実・ムキ実の二種に分ち一部落毎に共同販売を行ひ其販売高は取引関係に依り年々一定させるも全生産額の三割を福井県越前地方へ輸出し七割を郡内の製油に供給す。三木村にありては多く果実採取の儘調整することなく販売するを常とす。而して桐油の年産額は三百石内外にして総て前記印刷用ワニス製造所に供給す。同所に在りては年々桐油壱千石以上を消費し其の内七百石以上は主として福井県に求む。昨年の如きは福井県にも桐油の欠乏を告け支那油を輸入せり。樹皮は大聖寺町字鉄砲町畑久商店に於て一手仲買を為し伐採現場にて原木の儘売買するもののの二あり。仲買人は之を選別荷造の上大阪市に於ける單寧製造所へ送付するものとす。元来油桐の單寧は本邦産ノフノキ樹皮の單寧に亜《つ》き米国産タンバークに優るを以て需要益々増加しつつあり。

三谷村では大正期に油桐実をカチ実・ムキ実の二種で調整し、その七割を郡内の製油所、三割を福井県のそれに共同販売して年額一万円以上を得ていた。カチ実（搗実）は屋内で腐熟させた油桐実を木臼で搗き、それを「篩《とうし》」にかけて種子と皮を選別する方法、ムキ実（剥実）は油桐実を一個ずつ手で種子と皮に選別する方法で、静岡・石川・福井・島根県などの町村で多くみられた。三木村などは油桐実を調整せず、そのまま郡内の製油所に共同販売した。江沼郡では年に三〇〇石ほどの桐油を生産し、これをワニス製造所に供給したが、近年は大量に不足したので、七〇〇石以上を福井県から移入した。ちなみに、同郡は明治四四年（一九一一）に油桐実一五〇〇石を三国港から、大正三年（一九一四）に桐油一一一石を金津町から陸運で移入し、同二年に油桐実四五〇石を陸路で金津町に移出した（『福井県統計書』）。なお、大聖寺町の畑久商店は郡内の三谷・三木・山代村から油桐の樹皮を購入し、大阪の單寧製造所に販売した。

油桐実の生産は、江沼郡の山村経済のなかで大きな位地を占めていた。三谷村では大正一〇年（一九二一）に炭材が一万円、油桐実が七二〇〇円、薪材が六〇〇〇円、杉材が三〇〇〇円であり、三木村では同二年に薪炭材が二八四五円、油桐実が二七五〇円、丸角材が一三二〇円、竹材が二一五円、栗が一二〇円であった。三木村では昭和初期の不況対策として、昭和九年（一九三四）に産業五か年計画を策定し、荒廃した熊坂・奥谷・橘などの山林・原野に毎年六〇〇本、合計三〇〇〇本の油桐苗を植栽した。また、三谷村では同七年の「油桐増産補助規定」に基づき油桐増殖実行組合を設立し、山地に油桐苗を植栽した（『加賀市史・通史編下巻』）。

三谷村では、昭和前期に山地の谷筋に反当り四〇〜八〇本の目安で油桐苗を植栽した。油桐苗は、晩秋に採集した種子を三月中旬に畑や山腹の階段地に埋めて養成した。同村では春五月に山林の頂上付近五〇メートルを除く以下部分を伐採し、八月に山焼きを行い、一年目に蕎麦、二年目に小豆・粟・稗などを播き、三年目の春から山地斜面を階段状に整地して油桐苗を植栽した。農民は副収入を得るため、油桐畑に漆木や楮木を混植することもあった。なお、福井・島根県・京都府などでは、油桐と櫨木や漆木を混植する地域が多かった。

三谷村では油桐実の収穫を「木の実拾い」といい、一〇月初旬から一か月ほど行った。農家は、家族総出で自己所有の油桐山で油桐実を拾った。なお、三木村では、収穫の入山日（一〇月一七日）とともに「拾い止め」の日を定めていた。農民は「後拾い」と呼び、

「拾い止め」の日が過ぎれば、他人の油桐畑に入って油桐実を拾うことができた。三谷小学校では三年生以上の児童が「後拾い」を行い、油桐実を販売した代金を学校資材の購入費に充てた。農家では、一一月下旬から翌年一月下旬まで作業小屋で精製・乾燥・包装などを行った。油桐実は大きな木臼で搗いて皮と実を分離し、天井から下げた篩篭で皮と実を選別したのち、乾燥して五斗俵に詰められた。農民は五キロの道程を一俵を背負って大聖寺駅前まで運び、そこで区長や村役人とともに商人と販売交渉に当たった。販売先は福井市をはじめ、三国・丸岡町などの製油所が八〇%、地元の大聖寺町の製油所（鈴木正商店）が二〇%であった。年内分の代金は、大晦日の前日に各地区の区長宅で世話役から個人に渡された。油桐実の生産は太平洋戦争中に衰退し、最後まで継続していた三谷村も昭和二六年（一九五一）の生産をもって終焉した（『油桐実の生産に想う』）。

　石川県では明治前期に菜種油・桐油が多く、これに荏油・胡麻油・綿種油などが続いた。桐油の生産高は全国第四位であったが、大正六年（一九一七）には千葉県を抜き全国第三位となり、第二次世界大戦まで変動がなかった。これに比べて、菜種の生産高は明治三八年（一九〇五）に全国二〇位、昭和一五年（一九四〇）までの平均が六七五三石であり、菜種油のそれは三四位（一〇八二石）、同一二年までの平均が一三一八石ほどであった（『日本植物油脂沿革略史』）。

石川県では明治元年（一八六八）に八〇石、同五年に一八六石、同一〇年に一六九石、同一五年に九四石、同二〇年に七四石、同二四年に七五石の桐油が生産された。この生産高はすべて江沼郡のものであるが、村別の内訳は明らかでない。桐油の生産高は同一五年頃に半減して同二九年頃まで続いたが、その後は徐々に増加した。ちなみに、菜種油の生産高は同元年に二〇七二石、同五年に二四二四石、同一〇年に二五五一石、同一五年に四八八一石、同二〇年に三九二〇石、同二五年に四五七四石で、荏油のそれは同元年に二〇九石、同五年に一〇三石、同一〇年に九八石、同一五年に一三石、同二〇年に一三石、同二五年に二二八石で、胡麻油のそれは同元年に九石、同五年に九石、同一〇年に九石、同一五年に二石、同二〇年に二石、同二五年に七石であった（『石川県勧業年報』）。

その後、桐油は明治三四年（一九〇一）に二二五石、同三七年に二二二石、同四〇年に二四〇石、同四三年に一五八石、大正二年（一九一三）に二二九石、同五年に一九六石が生産された（『油桐ノ造林法並桐油ノ調査』）。このように、桐油は明治二九年（一八九六）頃から大正九年（一九二〇）頃まで増産されたものの、同一〇年頃から再び減少に向かった。なお、江沼郡には同四年頃に桐油の製油工場が四戸、菜種油のそれが一一戸あった。

【千葉県】

千葉県では油桐実を一般に「毒荏《どくえ》」または「ろっけ」（毒荏の転訛）と呼び、夷隅・安房・君津・市原・長生郡などで生産した。君津郡天神山村には「ダイカン」と呼ぶ種子の大きな含油量の少ない油桐があったというが、定かではない。同県では明治後期に夷隅（西畑・老川・上瀑・瑞澤村）、安房（那古・和田・保田・平群・大山・曽呂・西条・吉尾・豊田・佐久間・富浦・瀧田・丸・東条村）、君津（松丘・亀山・小糸・秋本・天神山・環・関・豊岡・駒山村）、長生（西・東村）、市原など各郡で油桐実が生産されていた（『油桐ノ造林法並桐油ノ調査』）。

夷隅郡西畑村は温暖で雨量が多く樹木の育成に適し、大正期に油桐実の主産地になっていた。同村では明治三〇～四〇年に油桐実を本格的に植栽し、大正期に最盛期を迎えていた。油桐畑は丘陵地の山裾から中腹に多く存し、六反以下の小さいものばかりであった。栽培法は極めて粗放で、設肥など一切行わず、採集前に油桐林の下刈を行うのみであった。油桐は三〇年生で目廻り一尺に達したので、三～五間（五～八メートル）の間隔で植栽された。油桐苗には「たかっぱ」と呼ぶ早生種と「丸葉」と呼ぶ晩生種があった。早生種は六月初旬に開花、一〇月初旬に成熟落下し、晩生種は六月中旬に開花、一〇月下旬に落果した。油桐実は早生種が高さ一・四センチ、幅一センチ、晩生種が高さ一・五センチ、幅一・二センチで、後者が少し大きかった。晩生種は早生種に比べて多産で、豊凶の差も少なかった。農民は雌木と雄木を選別し、実の少ない雄木を成木になるまでに伐採した。選別方法は播種後六〜七年を経たものを識別し、雌木より開花が約三週間早く、花軸が著しく長い雄木を選び出した。農民は収穫した油桐実を一か所に積み上げ、藁などで覆い発酵させたのち、足で踏みながら水洗を経て精選した。発酵がし難い実は、臼に入れ杵で搗いて剥皮した。晩生種は三〇年生の油桐一本から約七〜一〇升、一反歩から約一石の収穫量があった(『油桐』)。

参考までに、千葉県の油桐実の生産高を第11表に示す。同県では大正四年(一九一五)に六六四石、同六年に五九二石、同八年に六二五石、同一〇年に四八七石、同一二年に八二九石、同一四年に六五六石の油桐実が生産された。郡別の内訳は同四年に夷隅が二三七石、安房が一九九石、君津が一七三石、長生が二八石、市原が二七石で、同六年に夷隅が二七八石、安房が一九四石、君津が六七石、長生が三七石、市原が一六石で、同八年に夷隅が二六四石、安房が二五三石、君津が五三石、長生が三〇石、市原が二五石であった(『千葉県統計書』)。明治期の詳細な記録はみられないものの、桐油の生産高からすれば、同中期に七〇〇〜八〇〇石の生産高があったに違いない。

第11表　千葉県油桐実の生産高（石）

年　　代	合　計	安　房	夷　隅	君　津	長　生	市　原
大正４年(1915)	664	199	237	173	28	27
大正５年(1916)	646	146	386	58	39	16
大正６年(1917)	592	194	278	67	37	16
大正７年(1918)	647	138	368	55	66	20
大正８年(1919)	625	253	264	53	30	25
大正９年(1920)	471	54	280	86	28	23
大正10年(1921)	487	53	217	170	27	20
大正11年(1922)	439	36	237	156		10
大正12年(1923)	829	160	510	135	12	12
大正13年(1924)	786	150	498	128		10
大正14年(1925)	656	50	448	146		12
昭和元年(1926)	417	50	281	78		8
昭和２年(1927)	409	26	299	74		10
昭和３年(1928)	334	28	234	60		12
昭和４年(1929)	238	16	164	43		15
昭和５年(1930)	834	52	279	483		20
昭和６年(1931)	367	51	213	90		13
昭和７年(1932)	453	55	344	43		11
昭和８年(1933)	505	48	393	64		
昭和９年(1934)	510	38	398	65		9
昭和10年(1935)	459	47	346	66		
昭和11年(1936)	590	84	388	108		10
昭和12年(1937)	683	76	451	130		26
昭和13年(1938)	616	41	438	137		
昭和14年(1939)	442	21	337	82		2
昭和15年(1940)	371	22	256	83		10

※『千葉県統計書』『千葉県農林水産統計年報』などにより作成。

その後、油桐実は昭和五年（一九三〇）に八三四石、同七年に四五三石、同九年に五一〇石、同一一年に五九〇石、同一三年に六一六石が生産された。郡別の内訳は同五年に君津が四八三石、夷隅が二七九石、安房が五二石、市原が二〇石で、同七年に夷隅が三四四石、安房が五五石、君津が四三石、市原が一一石で、同九年に夷隅が三九八石、君津が六五石、安房が三八石、市原が一六石で、同一〇年に夷隅が三四六石、君津が六六石、安房が四七石であった（『千葉県統計書』）。

千葉県では明治後期に菜種油・胡麻油が多く、これに桐油・荏油・落花生油などが続いた。桐油の生産高は全国第三位であったが、大正六年（一九一七）に石川県に抜かれて全国第四位となり、第二次世界大戦まで変動がなかった。千葉県では、静岡県と同様に桐油を「毒荏油」と呼んでいた。これに比べて、菜種の生産高は明治三八年（一九〇五）に全国一三位（二万一七八二石）、昭和一五年（一九四〇）までの平均が二万三四五九石であり、菜種油のそれは一二位（四四五八石）、同一二年までの平均が四二六三石ほどであった（『日本植物油脂沿革略史』）。

千葉県では明治二八年（一八九五）に八〇五石、同三〇年に六九六石、同三二年に六八二石、同三四年に八一一石、同三六年に五三三石、同三八年に五一一石、同四〇年に五一九石、同四二年に三一五石の桐油が生産された。郡別の内訳は同三四年に安房が三七三石、君津が二四一石、夷隅が一七六石、長生が二一石であった（『千葉県統計書』）。残念ながら、明治期の郡別の内訳は統計書に右以外みられない。なお、桐油一石の価格は同四一年に三〇円五二銭七厘で、京都府が三九円五二銭五厘、三重県が三九円三四銭、福井県が三五円九九銭五厘、島根県が三四円六〇銭二厘、静岡県が三二円九六銭七厘、石川県が三二円四〇銭であった（『油桐ノ造林法並桐油ノ調査』）。ちなみに、菜種油の生産高は同三六年に六七九一石、同三八年に四四八五石、同四〇年に五二八七石で、胡麻油のそれは同三六年に二一二八石、同三八年に一一九六石、同四〇年に一七一六石で、荏油のそれは同三六年に一五〇八石、同三八年に一四七石、同四〇年に六七石であった。

その後、桐油は大正元年（一九一二）に二六九石、同三年に二五一石、同五年に二一二石、同七年に一三三石が生産された。郡別の内訳は同四年に夷隅が九一石、君津が六三石、安房が五九石、長生が一三石で、同七年に夷隅が七七石、君津が三〇石、安房が一八石、長生が八石で、同一二年に夷隅が九四石、安房が二四石、君津が一九石、長生が五石で、昭和二年（一九二七）に夷隅が八二石、君津が九石、安房が九石で、同七年に市原が一七九石、夷隅が一五〇石、安房が九石、君津が七石であった（『千葉県統計書』）。前述のように、千葉県では桐油の生産高が大正六年（一九一七）から石川県に抜かれて全国第四位となった。このことは、同県が桐油を地元だけでなく東京にも販売してきたことを示す。このように、桐油は明治後期から昭和前期まで次第に減少し、その後一時的に増産されたものの、第二次世界大戦を経て昭和三〇年代の廃止まで続いた。

最後に、千葉県の桐油工場についてみよう。同県では昭和七年（一九三二）から油桐奨励方針に基づき、夷隅郡西畑・老川・中川村など一九か村で油桐増殖実行組合を組織し、五〇〇町歩の支那油桐を植栽する計画を立てた。この頃、上総丘陵の西岡・西・丸を結ぶ三角地は全生産高五〇〇〇石の七〇%を占め、全国第三位の油桐の産地となっていた（『千葉県の林業』）。市原郡八幡宿町と夷隅郡大多喜町・西畑村（油桐栽培組合）には第二次世界大戦中、製油工場（製油所）が置かれた。工場は主に菜種油・胡麻油・落花生油などを製造したのち、翌年の二～三月に桐油を製造した。八幡宿町の工場は油桐実をローラーで砕き、熱蒸したのち、一番搾りで約一七～二〇%、二番搾りで約一%の桐油を生産した。収油率は年によって異なったものの、油桐実一石から約一斗八升～二斗一升の桐油を生産した。西畑村の工場は肥料粉砕器・粉砕器・蒸釜・水圧機などを設備し、従業員二五人で一日に油桐実三石から約五斗七升の桐油を生産した。ただ、同工場には乾燥室の設備がなかったため、収油量に差異がみられた（『油桐』）。

〔静岡県〕

静岡県では大正期に菜種油・椿油が多く、これに胡麻油・荏油・綿実油・桐油などが続いた。桐油の生産高は全国第七位で、これは第二次世界大戦まで変動がなかった。志太・庵原・田方・賀茂郡では油桐実を「毒荏実」と呼び、桐油を「毒荏油」と称した。これに比べて、菜種の生産高は明治三八年（一九〇五）に全国一八位（一万四〇一七石）で、菜種油のそれは四〇位（六八九石）であった（『日本植物油脂沿革略史』）。

賀茂郡八幡野浜の山川寿作は、明治一五年（一八八二）一〇月に毒荏約二〇〇俵の手付金として、金一〇〇円を清水本町の関多吉から受け取った（「八幡野・山川家文書」）。

記

一、毒荏　　凡弐百俵

金百円也

但し相場村方立相場也

継掛り村方並入候也

右金円手附として正ニ受取候也

十五年十月廿四日

賀茂郡八幡野浜　山川寿作（印）

駿州清水本町　関多吉殿

ところが、山川寿作は毒荏の出荷直前に類火に遭って、それを移出できなくなった。寿作の子渚は、翌年四月に治良作を代理人として清水港に遣わし、手付金一〇〇円を関多吉に返還した。関多吉は一〇〇円のうち二〇円を「出火見舞ト而差上候」として、残金八〇円だけ受け取った。このように、賀茂郡の村々では明治中期に至っても毒荏を栽培し、清水港などに販売していた。

庵原郡では一〇月二〇日前後（秋の土用）に各区長が「毒荏拾い」の触れを出し、本拾い・二番拾いが終われば、他人の山林でも毒荏を自由に拾うことが可能であった。油桐実の生産高は『静岡県統計書』の中に櫨実・椪実・椿実などとの合計で明記されているため、明確な数字はわからない。この生産高は大正四年（一九一五）に一石、同五年に二一〇石、同六年に八四石、同七年に一二石、同八年に一石、同八年に二五石であった。つまり、桐油の生産高は大正期に一〜二石であっただろう。その後、油桐実は昭和二二年に一石、同二三年に三石、同二四年に三石、同二五年に三石、同二六年に一石が生産された（『静岡県統計書』）。

『油桐ノ造林法並桐油ノ調査』には静岡県が明治三四年（一九〇一）から同四三年まで平均七一石の桐油を生産したことを記すものの、『静岡県統計書』にはその記録がみられない。『静岡県統計書』には大正四年（一九一五）に一石、同五年に五石、同六年に五石、同七年に三石、同八年に二石、同九年に五石、同一〇年に五石の桐油が生産されていたことを記す。静岡県では明治後期に福井県の小浜港から桐油を移入していたため、『静岡県統計書』には桐油の生産高を一～五石と記録したものだろう。

〔三　重　県〕

三重県では明治後期に菜種油が多く、これに荏油・胡麻油・綿実油・桐油・椿油などが続いた。桐油の生産高は全国第五位で、これは第二次世界大戦まで変動がなかった。度会郡では油桐実を「だま」と呼び、桐油を「桐汁」と称した。これに比べて、菜種の生産高は明治三八年（一九〇五）に全国四位（七万二七三二石）で、菜種油のそれも四位（一万三四三四石）であった（『日本植物油脂沿革略史』）。

三重県では明治前期に福井県から油桐実を購入し、度会郡の村々で栽培したという。農民は秋の彼岸前後に自然落下を待たず、竹挟みを用いて油桐実を採取し、これを乾燥して農閑期に牛に踏ませて外皮と種子を分離させた。この採取法は油桐を雑木と混生する所や、岩石地・急斜面・河川の沿岸などで行われたものであった。後者の場合は、自然落下のものに比べて含有量が著しく劣った。油桐実の生産高は大正一一年（一九二二）に七七石、同一二年が一六石、同一三年が七石、同一四年が七二石、昭和元年（一九二六）に六五石、同二年に五五石、同三年に四八石、同四年に三二石、同五年に二八石であった。その後、油桐実は同六年から同一五年まで平均一一石が生産された（『三重県統計書』）。

桐油は明治四二年（一九〇九）に二〇石、同四三年に二〇石、同四四年に二〇石、大正元年（一九一二）に二五石、同二年に五石、同三年に九石、同四年に九石、同五年に三八石、同六年に四三石、同七年に一〇石、同八年に一三石、同九年に五石が生産された（『三重県統計書』）。これは同四年まで度会郡が生産したもので、明治三九年（一九〇六）に二九石、同四〇年に三三石、大正八年に八石を宇治山田市が生産した。このように、宇治山田市は菜種油の生産高が減少した数年、桐油を製造したものの、成功しなかった。同市は不足した油桐実を福井県から移入して桐油を製造したため、度会郡よりコストが高くなった。

〔京　都　府〕

京都府では大正期に菜種油が多く、これに綿実油・桐油・胡麻油・椿油などが続いた。桐油の生産高は全国第六位で、これは第二次世界大戦まで変動がなかった。加佐郡では油桐実を「油木実」と呼び、桐油を「桐油」と称した。これに比べて、菜種の生産高は明治三八年（一九〇五）に全国三一位（七一三八石）で、菜種油のそれは一一位（四六〇二石）であった（『日本植物油脂沿革略史』）。

加佐郡では明治一〇年（一八七七）頃に油桐実二四二七石から桐油四一三石ほどを搾っていたので、この頃同郡では桐油を生蝋とともに主に舞鶴港から福井県の三国港に移出していた可能性が高い。『油桐ノ造林法並桐油ノ調査』には京都府が同三四年から同四三年まで平均五一〇石の桐油を生産したことを記すものの、『京都府統計書』にはその記録がみられない。『福井県統計書』には加佐郡が同四二年に油桐実一五〇〇石、同四三年に一六〇〇石、同四四年に一五一〇石、大正元年（一九一二）に一五〇〇石を舞鶴港から小浜港に移出し、同四二年に桐油三三〇石、同四三年に一五〇石、同四四年に二二五石、大正元年（一九一二）に一二九石、同二年に一三八石、同三年に八〇石を小浜港から舞鶴港に移入していたことを記す。この頃、加佐郡では地元産の油桐実を小浜港に移出し、そこで製造した桐油を移入していたため、『京都府統計書』には桐油の生産高を三～一一石と記録したものだろう。なお、同郡では明治四一年（一九〇八）に大津とともに桐油一二〇石を福井県遠敷郡から移入していた。

その後、油桐実は大正五年（一九一六）に六七石、同一〇年に一四二石、昭和元年（一九二六）に二九〇石、同五年に四七六石、同一〇年に一六五石、同一五年に二五〇石が生産された（『京都府統計書』）。加佐郡では大正期に各県が支那油桐を栽培したなか、日本油桐を栽培し続けた。そのため、同郡の油桐実は最盛期にも増産せず、漸次衰退に向かった。

〔和歌山県〕

和歌山県では明治後期に菜種油が多く、これに胡麻油・荏油などが続いたが、桐油の生産高はまだ僅かであった。菜種の生産高は明治三八年（一九〇五）に全国二五位（一万八九三石）で、菜種油のそれは三七位（一〇一二石）であった（『日本植物油脂沿革略史』）。

支那油桐の栽培は、有田郡岩倉村の今井嘉が明治三四年に清国武昌農務学堂教官の吉田栄次郎より支那油桐の種子を取り寄せ、それを養成したことに始まるという。今井は油桐苗を増殖して山林や畑地に植栽するとともに、その実を各地の知己に分配した。すなわち、彼は同三八年に有田郡役所に苗木三本、同四〇年に苗木一〇本と種子一〇個を県内七郡の郡農会および高知県安芸郡和倉村の農民に苗木三〇本、大正元年（一九一二）に東牟《ひがしむ》婁《ろ》・海草・那賀・伊都郡の郡役所に苗木六〇本と種子六〇個、同二年に有田郡の農民数人に苗木一〇〇本を送った。和歌山県の支那油桐は、ほとんどが今井の系統を引くものであった。支那油桐は三年目より結実し、五年目から漸増、一四～一五年目から急増し、四〇年目でも相当結実した。その収油率は一四～一五年目の油桐一本から一～二斗であった。支那油桐は雨量が多い温暖な肥沃地を好み、陽当りが多く風害が少ない場所で成長したので、関東以南の本州・四国・九州・台湾などで多く栽培された（『特殊樹種植栽のすすめ』）。

参考までに、和歌山県の油桐実の生産高を第12表に示す。油桐実は昭和七年（一九三

第12表　和歌山県油桐実の生産高（石）

年　次	合　計	有　田	東牟婁	西牟婁	日　高	海　草
昭和７年(1932)	5					
昭和８年(1933)	5					
昭和９年(1934)	7					
昭和10年(1935)	4					
昭和11年(1936)	4	3	1			
昭和12年(1937)	12	5	31	2	1	
昭和13年(1938)	42					
昭和19年(1944)	206					
昭和20年(1945)	71					
昭和21年(1946)	64					
昭和22年(1947)	62					
昭和23年(1948)	108	102	4	2		
昭和24年(1949)	188	35	61	44	36	12
昭和25年(1950)	212					
昭和26年(1951)	95					
昭和27年(1952)	115					
昭和28年(1953)	98	38	23	1	21	15
昭和29年(1954)	18	11		6	1	
昭和30年(1955)	17	12		5		
昭和31年(1956)	20	11		5	4	
昭和32年(1957)	12	11		1		
昭和33年(1958)	2					
昭和34年(1959)	1					
昭和35年(1960)	1					

※『和歌山県統計書』『和歌山県農林水産統計年報』などにより作成。

二）に五石、同九年に七石、同一一年に四石、同一三年に四二石、同一九年に二〇六石、同二一年に六四石、同二三年に一〇八石、同二五年に二一二石、同二七年に一一五石、同二九年に一八石が生産された。郡別の内訳は同一二年に東牟婁が三一石、有田が五石、那賀が三石、西牟婁が二石、日高が一石で、同二四年に東牟婁が六一石、西牟婁が四四石、日高が三六石、有田が三五石、海草が一二石で、同二八年に有田が三八石、東牟婁が二三石、日高が二一石、海草が一五石、西牟婁が一石であった（『和歌山県統計書』）。

［熊本県］

熊本県では明治後期に菜種油が多く、これに胡麻油・荏油・椿油などが続いたが、桐油の生産高はまだみられなかった。菜種の生産高は明治三八年（一九〇五）に全国一一位（二万三八一九石）で、菜種油のそれは八位（六三六五石）であった（『日本植物油脂沿革略史』）。

支那油桐実は昭和一二年（一九三七）に一石、同一三年に六石、同一四年に一四石、同一五年に一六石、同二五年に一〇石、同二六年に二〇石、同二七年に二三石、同二八年に二九石、同二九年に二九石、同三〇年に二八石、同三一年に一七石が生産された。郡別の内訳は同一二年に球磨が一五石で、同一三年に天城が四石、球磨が一石、上益城が一石で、同一四年に天草が一三石、上益城が一石で、同一四年に天草が一一石、上益城が五石であった（『熊本県統計書』）。なお、昭和二九年（一九五四）には福岡県が一四石、佐賀県が一七石、宮崎県が一一石、鹿児島県が一一石の油桐実を生産していた（『九州国有林の展望』）。

［諸府県］

支那油桐は、桐油の需要が増大した明治後期から大正期に日本油桐とともに栽培されるようになった。支那油桐は耐水性・速乾性に優れていたので、その需要は漸次増加する傾向にあった。これは昭和七年（一九三二）に国の一〇か年計画により千葉・福井・島根・和歌山・静岡県をはじめ、九州各県の温暖な地域で栽培組合が結成されたため、増産に向かった。その種子は大日本山林会が中国から二割、台湾から八割を移入したものであった。この頃、中国産の油桐実は輸出が禁止されていたため、台湾産を移入していた。支那油桐は温暖な和歌山・九州各県をはじめ、日本油桐の栽培が盛んな千葉・福井・島根県などで栽培されたものの、その多くは寒害により沿岸部を除き失敗した。和歌山・千葉・三重・高知県では和歌山県から購入した早生の油桐実を、九州各県では中国四川省から入手したそれを苗木に養成した。その収油率は年により異なったが、四川省産が五〇〜六〇％、和歌山県産が五二〜六四％であった（『九州国有林の展望』）。

支那桐油は毒性を利用して害虫駆除薬をはじめ、傘・提灯などの塗料、ワニス・ペイント・リノリウムなどの原料、とくに飛行機・自動車等の塗料など（軍事用）に多く使用された。支那桐油は明治後期に日本桐油の生産量が減少し価格が騰貴したため、大正元年（一九一二）頃から約一〇〇〇石（五六〇〇箱）が台湾より輸入されるようになった。これは昭和三年（一九二八）に国内生産高三四二八石を上回る三六七〇石が輸入され、同八年に六三八〇石、同一一年に七五八九石、同一四年に八五八五石、同一七年に一万二四六二石と増加した。一方、国内産生産高は同八年に二九七二石、同一一年に四二〇二石、同一四年に二八二〇石、同一七年に二〇七四石と減少した（『日本植物油脂沿革略史』）。

日本桐油の価格は明治四三年（一九一〇）に種油・荏油などよりも高く、胡麻油に次ぐ一石六〇円ほどで、約一二〇〇〇石（六〇〇〇箱）が輸出されていた。支那桐油は日本桐油に比べて収量が多く、三割以上高価であった。大阪市場では昭和六年（一九三一）に支那桐油一石が五五円、日本桐油が四二円五銭で、翌年に支那桐油が八二円五銭、日本桐油が六〇円であった。その収量は支那油桐実一石が三四《リットル》（一九％）で、日本桐油実が二七《リットル》（一五％）であった。なお、油粕は支那油桐実一石が約二〇貫目、日本油桐実が一五貫目であった。

〔諸外国〕

アメリカ合衆国では明治三九年（一九〇六）以来、製油業者がアラバマ・ミシシッピ・ルイジアナ・フロリダ・テキサス・カリフォルニア・ジョージア州などに支那油桐を植栽し、桐油を生産した。ミシシッピ州には油桐林が八四九八《ヘクタール》（七〇万本）、フロリダ州にはそれが七二八《ヘクタール》（五〇万本）もあり、厖大な収益を得ていた。同国では昭和五年（一九三〇）頃に高速脱穀機を用いて外皮を剥ぎ、電気粉砕機で粉砕したのち、高圧機によって毎時六〇ガロンの桐油を生産していた（『特殊樹種植栽のすすめ』）。オーストラリアでは大正九年（一九二〇）頃からシドニー北部の東部海岸で支那油桐を栽培し、同一二年に一三トン、昭和九年（一九三四）に四七トンの油桐実を収穫した。ニュージーランドでは同四年頃から北部オークランド地方に組織的に支那油桐を植栽し、同一一年に二〇〇〇ヘクタールの栽培面積となっていた。旧ソ連では同七年に黒海沿岸のコーカス地方で支那油桐を植栽し、同一〇年に栽培面積一〇二五ヘクタールとなっていた。なお、同国では明治二八年（一八九五）に日本油桐を試植して以来、栽培法の研究を継続して昭和五年（一九三〇）にその苗二万四〇〇〇本をコーカス地方に植栽したものの、寒害のためほとんど成功しなかった（『油桐』）。

第二節　桐油の販売

すでに述べたように、桐油の生産量は福井県が明治後期から昭和三〇年代まで全国の過半数を占め、これに島根・石川・千葉県・京都府などが続き、三重・静岡・和歌山県などは少なかった。石川県は大正六年（一九一七）に千葉県を抜き全国第三位となり、第二次世界大戦まで変動がなかった。桐油の生産額は明治三四年（一九〇一）が一二万八七九一円（四五一四石）、同四三年（一九一〇）が一八万一三四二円（四一七九石）であった。府県別の内訳は福井県が年平均七万五八五円、島根県が三万二五八八円、京都府が一万九八二〇円、千葉県が一万五四八三円、石川県が八八四九円であり、静岡・三重県は僅かであった。ちなみに、一石の平均単価は京都府が最高の三九円五三銭、千葉県が最低の三〇円五二銭であった。なお、桐油粕（一〇貫目）の価格は同四五年（一九一二）に福井県が一円五〇～六〇銭、島根・静岡県が一円一〇～二〇銭、三重県が八〇～九〇銭であった。

近世の大坂は全国の物資の集散地であり、各国の桐油は多くが同地に集散されたのち、各地に販売されていた。東京は、明治以後に大阪と並ぶ二大集散地に成長した。明治四三年（一九一〇）には桐油一二〇〇石（六〇〇〇箱）を輸出したものの、その後は再び減少したため、数年後からは支那桐油（清国桐油）一〇〇〇～一二〇〇石を輸入するようになった。ちなみに、桐油商では大正二年（一九一三）頃に大阪の吉原定治郎（東区）・服部新助（東区）・吉岡忠兵衛（南区）や、東京の長谷部喜右衛門（日本橋区）・飯島六三郎（神田区）などが知られた（『油桐ノ造林法並桐油ノ調査』）。

〔福井県〕

三国港は明治五年（一八七二）に桐油一四九三桶（二九九石）を移出したが、これは足羽県の生産高五一二石（五八％）に相当し、全生産高の過半数以上になった。油桐実一俵（五斗入り）は桐油一桶（二斗入り）に相当した。その後、同港は同一二年（一八七九）に桐油六七〇石、同一三年に五六〇石、同一五年に七四〇石、同一六年に一〇〇〇石、同一七年に八〇〇石を大阪・東京・神戸などに移出した。この数字は小浜港が同一二年に七一二石、同一三年に八〇四石、同一五年に一七四石、同一六年に四二四石を大阪・神戸などに移出した数字に比べても低くなかった。ちなみに、三国港は同一二年に一万八〇〇〇石、同一三年に一万七〇〇〇石、同一五年に一万五〇〇〇石、同一六年に三万石の種油を大阪・東京・神戸などに移出した。なお、敦賀港は同一八年に至って桐油七五〇石を大阪・神戸・京都などに移出した（『福井県勧業年報』）。

敦賀港は明治一七年（一八八四）に敦賀・長浜間、同二九年（一八九六）に敦賀・福井間に鉄道が整備されるまで、日本海の主要港すなわち小浜・三国・伏木・直江津・新潟港などのなかで移出入額が最小であった。船舶の入港数も同六年（一八七三）に北陸最大の三国港が和船八〇〇隻・汽船三隻に対し、和船四〇二隻・帆船四隻・汽船一隻であった。同港は同一一年（一八七八）に移出入額の九〇％以上を北海道が占めており、伏木港の二四・九％、三国港の二九・二％に比べて著しく高く、また移入が全体の八七％以上に達する極端な移入港であった。ところが、同港は鉄道開通後に急激に移出入額を増加させ、同二三年（一八九〇）頃に日本海側最大の港に成長し、本州横断ルートの起点港として北海道・北陸・山陰などと阪神・中京・関東などとを結合する物流の中継役を果たすに至った。同港の物流は廻漕移入・陸運移出と陸運移入・廻漕移出という二系列があり、海陸連絡輸送によって構成されていた。日本海側からの貨物（廻漕移入・陸運移出）は米を筆頭に、北海道の海産物（昆布・身欠・棒鱈・数の子・鯡・白子・油粕など）、北陸の銅・菜種・桐油・煎茶などが続いた。同港では従来の北海道からの物流が相対的に減少し、北陸・山陰からの貨物移入の比重が高まり、日本海沿岸の物資の集散地としての機能を強化していった。これら貨物は北海道への米を除き、近江・京都・大阪とともに美濃・尾張・伊勢・三河などの太平洋諸地域に輸送された。

その後、敦賀港は北陸線の延伸による物流の鉄道への影響を受けたものの、日清戦争後には京都北部・山陰の繭・生糸・織物などや新潟の石油など新たな物流を吸収して再び活性化した。同港は明治二〇年代の嶺北の鉄道整備により海陸交通の要地となり、衰退した搾油業が復活し県内最大の搾油業の産地となっていた。一方、三国港は同二九年（一八九六）の敦賀・福井間鉄道の開通により越前の物資集散地としての位地を次第に喪失していった。こうして、敦賀港は日露戦争まで日本海側の「鉄道と海運」の物流を支えるとともに、太平洋側の鉄道の物流とを結ぶ本州横断ルートとして機能を果した。しかし、同港は日露戦争後に山陰線の延伸による物流の鉄道への転換、さらに富山・直江津間鉄道の開通による関東・関西の物流の再編などが進み、山陰・越後ルートが消滅し北海道ルートに限定されたため、内国物流の起点港としての歴史的役割を閉じた。以後、同港は次第に国際連絡運輸へと重点を移動させていった（『明治の産業発展と社会資本』）。

次に、福井県の桐油の移出高と移出先および同県三港の桐油の移入高を第13表・第14表および第15表に示す。明治三五年（一九〇二）には福井市（三四〇石）、三国町（四二五石）、丸岡町（二三〇石）、河野村（五〇石）、敦賀港（六一〇石）、小浜港（七五〇石）、熊川村（二一〇石）などから陸運と海運で合計二六一五石の桐油が移出された。また、同三六年には福井市（二三〇石）、丸岡町（一一五石）、河野村（五〇石）、三国町（四二五石）、敦賀港（六五〇石）、小浜港（一二五石）などから合計三六九五石の桐油が移出された。ついでにいえば、同三五年には三国町（三〇〇石）、敦賀港（九九〇石）、小浜港（二〇〇石）に合計一四九〇石、同三六年には三国町（三〇〇石）、敦賀港（九五〇石）、小浜港（五五〇石）に合計一八〇〇石の桐油が移入されていた。移入の桐油は油桐実とともに

第13表　福井県桐油の移出高（石）

年次	福井市	金津町	丸岡町	三国町	敦賀町	小浜町	熊川村
明治35年(1902)	340		230	425	610	700	180
明治36年(1903)	230		125	425	650	1235	220
明治37年(1904)	550		162	425	1254	394	120
明治38年(1905)	200	449	10	425	1574	450	111
明治39年(1906)	300	850	114		1889	450	125
明治40年(1907)	120	800	202	600	1700	573	120
明治41年(1908)	400	154		270	1530	227	120
明治42年(1909)	350	237		2000	1683	330	104
明治43年(1910)	300			300	1852	150	140
明治44年(1911)			95	300	1667	255	138
大正元年(1912)			81	500	1500	2000	129
大正２年(1913)		160		500	1654	138	130
大正３年(1914)		111		585	181	80	125
大正４年(1915)						200	
大正５年(1916)						150	
大正６年(1917)						550	
大正７年(1918)						160	

※『福井県統計書』『福井県勧業年報』などにより作成。三国町・敦賀町・小浜町は陸運と海運の合計。

県内産が大半を占め、県外産は少なかった。三国港の移出量はすべて海路であったが、敦賀港と小浜港は海運とともに陸運（鉄道輸送）が過半を占めていた。なお、同三五年には敦賀港が陸運で七〇〇石と海運で一四〇〇石の県内産油桐実を、小浜港が陸運で一〇〇〇石と海運で二〇〇〇石の県内産油桐実および一五〇〇石の県外産油桐実を移入し、敦賀港が一七〇〇石、小浜港が陸運で一五〇〇石の油桐実を移出した。

次に、桐油の流通経路を第1図に示す。明治四〇年（一九〇七）には福井市・金津町・丸岡町・熊川村などが陸路で桐油一一二二石を大阪・京都・東京・石川などに、三国町が陸運と海運で六〇〇石を大垣・東

第14表　福井県桐油の移出先

年　次	福井市	金津町	三国町	敦賀町	小浜町	熊川村
明治40年(1907)	大阪、石川	大阪、東京	大垣、東京 大阪、神戸	近江、京阪 美濃、尾張 北陸、小樽	京都、近江 大阪、尾張 美濃	京都、大阪
明治41年(1908)	大阪	大阪	大阪	滋賀、京阪 美濃、尾張 武蔵、小樽	大阪、 名古屋	京都、大津
明治42年(1909)	岐阜	大阪	大阪	神戸、三河 武蔵、京阪 北陸、函館	大阪、 名古屋	京都
明治43年(1910)	大阪、東京 神戸		大阪、 名古屋	美濃、京阪 三河、神戸 小樽、函館	丹後、大阪	大阪、大津
明治44年(1911)		東京、神戸	大阪	三河、近江 武蔵、神戸 小樽、函館	丹後、大阪	近江、大阪
大正元年(1912)			大阪	滋賀、京阪 武蔵、三河 北陸、小樽	大阪	滋賀、大阪
大正２年(1913)		大阪	大阪	小樽、函館	舞鶴	大津
大正３年(1914)		富山、 大聖寺	東京	函館、小樽	舞鶴	大津、大阪 京都

※『福井県統計書』『福井県勧業年報』などにより作成。陸運と海運の合計。

京・大阪・神戸などに、敦賀港が陸運と海運で一六九〇石を近江・京阪・美濃・尾張・北陸・武蔵・三河・北海道などに、小浜港が陸運と海運で七三石を京都・近江・大阪・尾張・美濃などに、同四一年には福井市・金津町・熊川村などが陸運で六七四石を大阪・京都・大津などに、三国港が陸運で二七〇石を大阪に、敦賀港が陸運と海運で一五三〇石を近江・京都・大阪・美濃・尾張・北陸・武蔵・神戸・小樽・函館などに、小浜港が海運で二五〇〇石を大阪に

第15表　福井県三港桐油の移入高（石）

年代	三国港	敦賀港	小浜港
明治11年（1878）	260	40	520
明治12年（1879）	670		712
明治13年（1880）	560		804
明治14年（1881）	700		560
明治15年（1882）	740		700
明治16年（1883）	1000		740
明治17年（1884）	800		
明治18年（1885）		750	
明治35年（1902）	300	990	700
明治36年（1903）	300	950	550
明治37年（1904）	300	1584	394
明治38年（1905）	300	1701	450
明治39年（1906）		2041	450
明治40年（1907）		157	206
明治41年（1908）		142	
明治42年（1909）		156	1500
明治43年（1910）		172	
明治44年（1911）		155	
大正元年（1912）		139	
大正２年（1913）		8900	
大正３年（1914）		70	

※『福井県統計書』『福井県勧業年報』などにより作成。

移出した。敦賀港は同四〇年に桐油一五八石、同四一年に桐油一四二石を半田・境から、小浜港は同四二年に油桐実一六〇〇石を舞鶴から移入していた。三国港は同四二年に油桐実二五〇〇石を大阪に移出していたので、この頃大阪でも桐油が生産されていた。第15表には明記しなかったものの、武生町も明治後期から大正期に桐油を県外に移入していた。つまり、武生町は明治四三年に二二八石、同四四年に三〇〇石、大正元年（一九一二）に二五〇石、同二年に二七〇石、同三年に二八〇石を東京・大阪・名古屋・新潟などに移出していた。県内の桐油の移出入高については省略した。

油職人は明治三六年（一九〇三）に全県四六人で、同二二年（一八八九）の二三七人に比べ大きく減少していた。四六人の内訳は坂井郡が八人、大野郡が一〇人、南条郡が二人、敦賀郡が一六人、遠敷郡が八人、大飯郡が二人であった。また、桐油合羽職人は敦賀町が三人、南条郡が一人、福井市が四人であった。油職人の日雇賃金には上・中・下の三ランクがあり、同ランクでも地域格差があった。たとえば、福井市の下ランクは三〇銭であるのに対し、敦賀町の下ランクは五〇銭であった。四六人は一人当り年間約五三八石の桐油を製造したが、旧式の「立木搾り」では三〇〇〜四二〇石にしかならなかった。このように、敦賀町は立地条件に恵まれたうえに、新しい機械を導入し効率向上に努めたため、製油業の中心地となった。ちなみに、敦賀港は同三六年に陸運で七〇〇石と海運で五〇〇石の油桐実を移入し、陸運で五〇〇石を移出したので、敦賀町は差引七〇〇石を原料としたものだろう（『福井勧業年報』）。

小浜港は明治以後領主の庇護を失い、敦賀港との経済競争に敗北して衰退した。三方郡では明治四二年（一九〇九）に油桐実三二一一石から桐油四五一石（油職人三四人）を生産したものの、石油商が二二戸もあったので、この頃桐油が灯油としての生命を終えていたかも知れない。油職人は同三六年（一九〇三）に同郡内にいなかったので、敦賀港に出稼ぎに出ていた職人が帰村していたものだろう。このことは、敦賀港の油職人が製油業の機械化に伴い削減されたことを示す。その後、同郡では大正六年（一九一七）に油桐実二

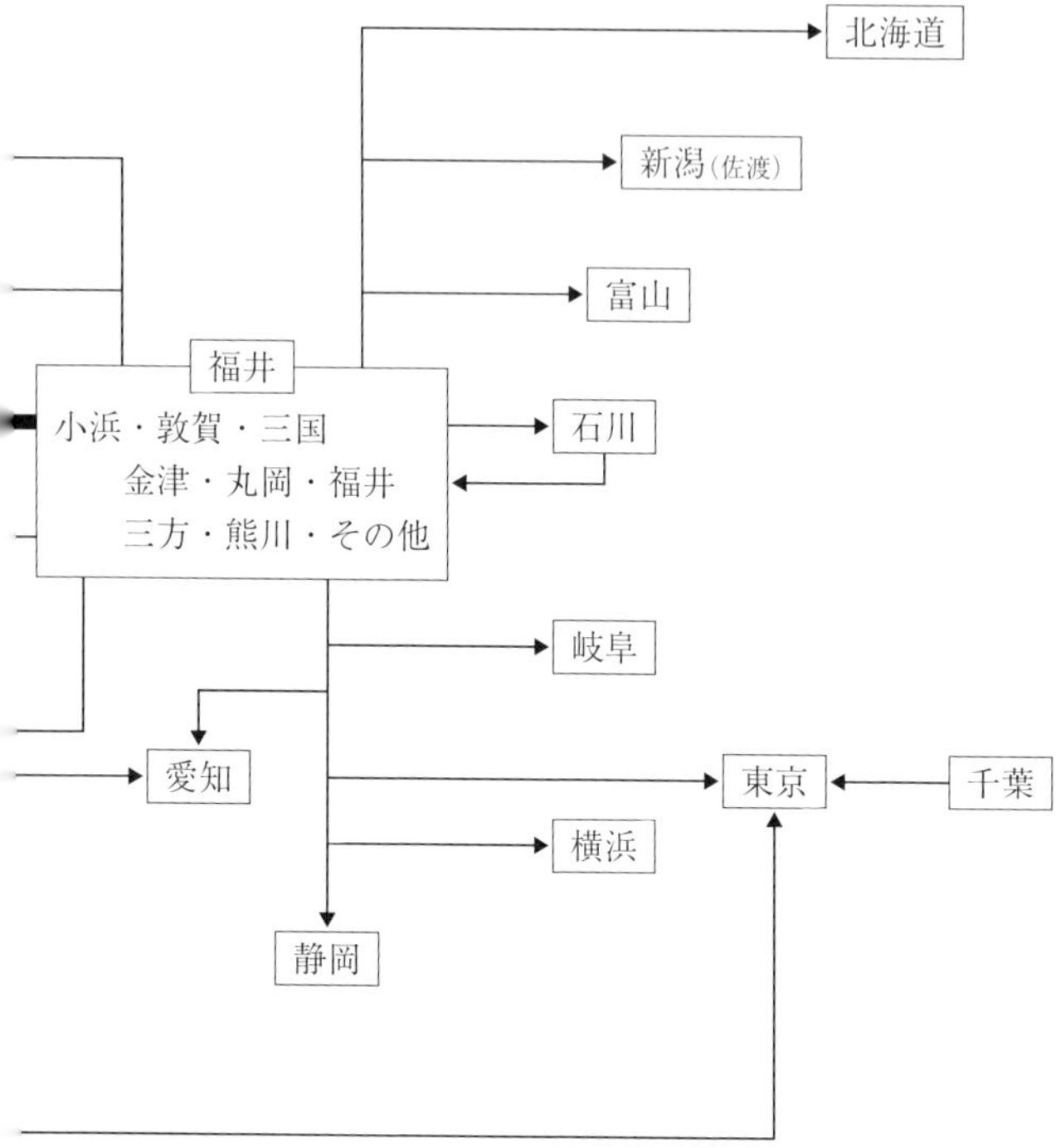
北海道
新潟(佐渡)
富山
福井
小浜・敦賀・三国
金津・丸岡・福井
三方・熊川・その他
石川
岐阜
愛知
東京
千葉
横浜
静岡

第１図　　桐油の流通経路（明治後期）

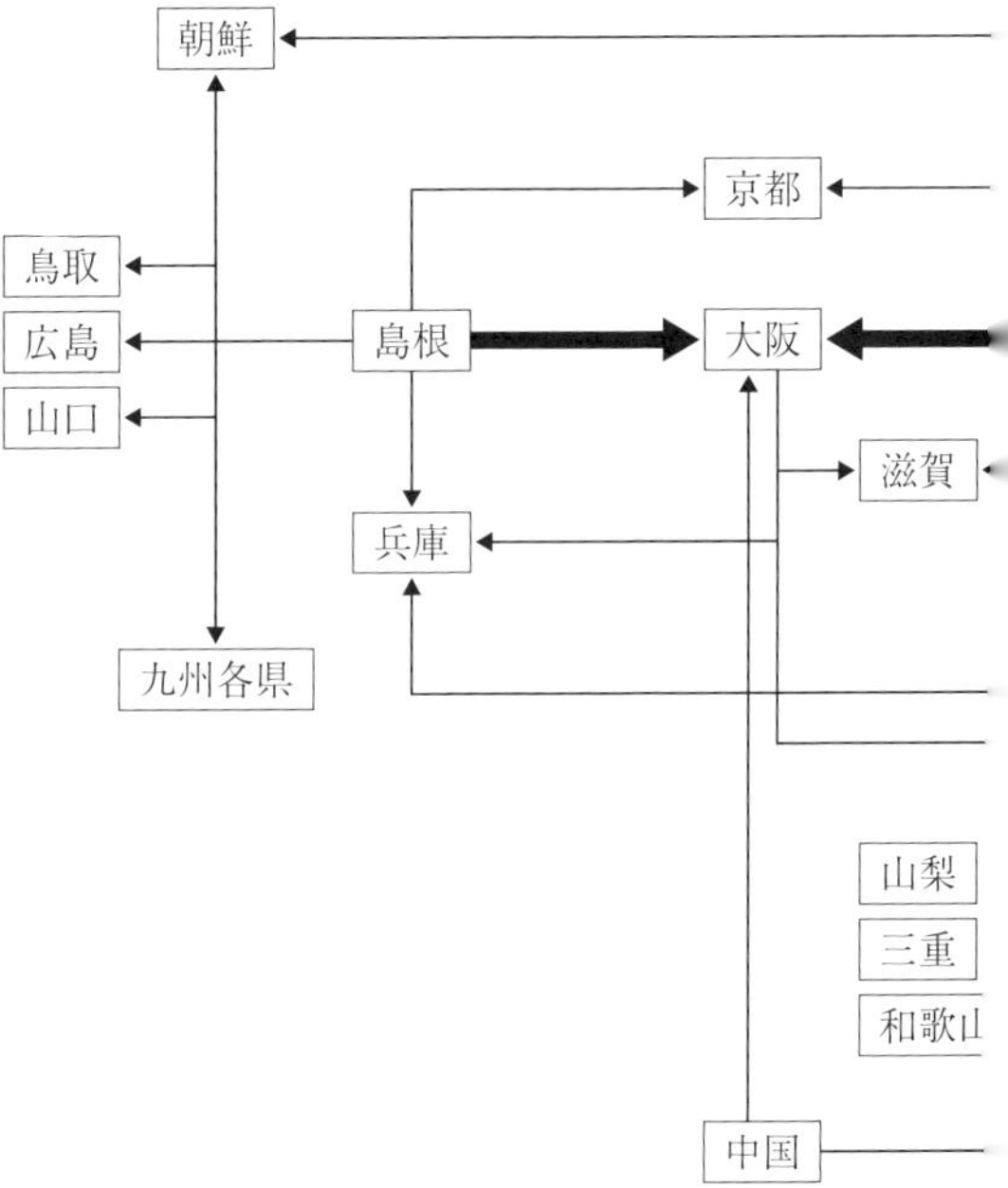

第16表　島根県桐油の移出高（石）

年　　次	移出高	金額（円）	移　出　先
明治39年（1906）	147	2,060	大阪
明治40年（1907）	125	4,725	大阪
明治41年（1908）	2780	99,729	大阪、神戸、横浜、鳥取、九州
明治42年（1909）			
明治43年（1910）	1616	61,082	鳥取、大阪、兵庫、九州
明治44年（1911）	851	31,862	大阪
大正元年（1912）	438	23,280	大阪、下関
大正２年（1913）	315	17,487	大阪
大正３年（1914）	535	24,739	大阪
大正４年（1915）			
大正５年（1916）	851	31,862	神戸、大阪、門司
大正６年（1917）	2150	146,643	神戸、大阪、門司
大正７年（1918）			
大正８年（1919）			
大正９年（1920）			
大正10年（1921）	1061	60,710	大阪、兵庫、鳥取、山口、福岡
大正11年（1922）			
大正12年（1923）	1696	134,005	大阪、兵庫、鳥取、山口、福岡
大正13年（1924）			
大正14年（1925）	267	21,621	大阪、鳥取、山口、兵庫
昭和元年（1926）	516	39,443	大阪、鳥取、山口、兵庫、熊本
昭和２年（1927）	631	52,697	大阪、鳥取、兵庫、広島、京都
昭和３年（1928）	1000	105,500	大阪、鳥取

※『島根県統計書』『島根県勧業年報』などにより作成。

○八○石を、遠敷郡では同八年（一九一九）に桐油四三六石を生産した。ただ、大飯郡については両年の統計表から油桐実・桐油の生産高が消えていた（『福井県統計書』）。

【島根県】

島根県の桐油の移出高と移出先を第16表に示す。明治三九年（一九〇六）には桐油一四七石を大阪に、同四〇年には一二五石を大阪に、同四一年には二七八〇石を大阪・神戸・横浜・鳥取・九州などに、同四三年には一六一六石を鳥取・大阪・兵庫・九州などに、同四四年には八五一石を大阪に、大正元年（一九一二）には四三八石を大阪・下関に、同二年には三一五石を大阪に、同三年には五三五石を大阪に、同五年には八五一石を大阪に、同六年には二一五〇石を大阪・神戸・門司などに移出した。また、明治四〇年には桐油一五〇六石を大阪・鳥取・広島などから、同四一年には二三〇三石を大阪・福井・大分・広島・山口・鳥取などから、同四二年には一一〇六石を大阪・広島・山口・大分・福井などから、同四三年には一一九九石を大阪・神戸・山口・広島・鳥取・福井・佐賀・朝鮮などから移入した。さらに、同四一年には桐油一四二石を、同四二年には一五六石を、同四三年には一七二石を、同四四年には一五五石を、大正元年（一九一二）年には一三九石を敦賀港から半田港・境港に移入した。なお、明治四二年（一九〇九）には、桐油粕三万一八二二石を県内と鳥取県に販売していた（『島根県統計書』）。

製油工場は、大正一〇年（一九二一）の油桐実の暴落により次第に廃止された。八束郡野波村の野波製油工場は県内最大の規模で、大正期に千酌《せんしゃく》・美保関・熊野・岩坂・講武・加賀村の共同経営により年間約三〇〇〇石の油桐実を製油していた。同工場は搾油場・荷造場・乾燥室・倉庫・事務室・風呂場などから成り、油桐実一俵から九升の桐油を搾り、一日に約一三石を生産した。これは邇摩郡湯里村・邑智郡谷住郷村・簸川郡鰐淵《わにぶち》村の製油工場と同様に油桐増殖実行組合が経営したもので、昭和一〇年（一九三五）には日本各地をはじめ、台湾・朝鮮・満州・中国などに桐油を販売した。その収支は同年に桐油（一斗）と油粕（七貫五〇〇目）などの収入が一六円一三銭、原料・製油・荷造・修繕・固定資本利子などの支出が一三円一四銭で、その利益により稲扱機・脱穀機・発動機・籾摺機などの農業機械が製造された（『油桐』）。

　邑智郡谷住郷村には、大正九年（一九二〇）頃まで一四〜一五戸の製油工場があった。製油工場は地元をはじめ、同郡祖式《そじき》・口羽《くちば》・市山《いちやま》や邇摩郡井田・大屋・大国などから油桐実を購入し、桐油を製造した。桐油は在来種の日本油桐から生産したもので、仲買人を通じて主に県内に販売された。この頃、同村では油桐実一石から二斗の桐油を生産していた。昭和九年（一九三四）からは粉砕機・水圧機・水圧ポンプなどの新しい機械を使用して増産に努めたものの、同一一年頃から輸入油が次第に多くなり、桐油の生産が減少した。その後、同工場は第二次世界大戦中に桐油が激減し、同二〇年代に姿を消した。同村の油桐は同三〇年（一九五五）頃からパルプ材に伐採され、その跡地に杉・松・檜などが植栽された（『桜江町誌・上巻』）。邇摩郡井田村にも同年まで一二〜一三戸の製油工場があったが、これは翌年の油桐実の暴落を契機に次第に廃止された。同一〇年頃には僅か四戸となり、油桐実三〇〇石から少量の桐油を生産した。桐油は一斗罐《かん》（四貫七〇〇目）に詰められ、二罐一箱に荷造して松江・浜田・広島・大阪などに販売された（『島根県農会の郷土誌』）。

〔石川県〕

油桐実・桐油の移出入額と移出入先を示す。油桐実は明治一三年（一八八〇）に九〇〇石、大正二年（一九一三）に五〇〇石、同五年に一四〇〇石、同八年に一四二三石、同一〇年に二〇〇〇石が福井県に移出された。また、桐油は明治一三年に四三石、大正四年（一九一五）に一三三石、同六年に二五〇石、同八年に二五〇石、同一〇年に一八〇石が福井県をはじめ、大阪府・愛知県などから移入された。このうち、大正四年に三六石、同六年に一五〇石、同八年に一五〇石、同一〇年に一八〇石が金沢市に移入された（『石川県統計書』）。ついでにいえば、この頃同市は菜種油をはじめ、荏油・胡麻油・落花生油・榧油などの植物油を大阪府・兵庫・愛知・富山県などから移入していた。なお、江沼郡では昭和元年（一九二六）に桐油粕八〇〇貫、同二年に一〇〇〇貫を生産し、主に県内に販売した。このように、同郡では江戸時代以来、関係が深かった福井県嶺北に油桐実を移出し、桐油を移入していた。このことは、同郡の油桐実・桐油の生産が福井県嶺北のそれを補助する役割を果たしていたことを示す。

〔千葉県〕

桐油の移出入額と移出入先を示す。桐油は明治三六年（一九〇三）に四三石が、同三八年に四九石が東京に移出された。ちなみに、菜種油は同三六年に二二四七石、同三七年に三三四九石が、胡麻油は同三六年に一万一二三二石、同三七年に四二五石が、落花生油は同三六年に七二石、同三七年に八九石が東京に移出された（『千葉県統計書』）。

第三節　桐油の用途

大正二年（一九一三）の『油桐ノ造林法並桐油ノ調査』には、桐油の用途について次のように記す。

油桐ノ実ヲ壓搾《あっさく》シテ油ト粕トニ分チ、粕ハ田地ノ肥料ニ供シ、桐油ハ従来燈火用ニ多ク需要セラレ、殊ニ水田害虫ノ駆除剤トシテ、出雲地方ニテ実用セラレタリ。證火用トシテハ、稍《やや》光明乏シク煤煙《ばいえん》ノ多キ欠点アリ。然レトモ種油ニ比シテ減ルコト遅シ。又伊勢ニテハ粗榧油ト混用シテ、其光ヲ増サシメタリトイフ。今ヤ石油ノ輸入後点火用ニ供スル所ナシト雖モ、尚駆虫剤トシテ用フル所アリ。此他荷車、水車ノ軸ニ注キ、又関西地方ニテ雨ニ掛カル白堊壁《はくあかべ》及屋根漆喰《しっくい》（石炭一斗ニ付キ油四五合ヲ煉リ合ハセ用フ時ハ、雨ヲ撥《ばじ》キ保存可ニシテ永ク白色ヲ保ツトイフ）ニ用フ。元来桐油ハ頗ル乾燥性ヲ有スルヲ以テ、桐油紙、雨傘、提灯等ニ他ノ乾性油ト混シテ使用シ来レリ。然ルニ近年工業用塗料トシテ需要連リニ興リ、即チ「ペンキ」「ワニス」「ボイルド」油ニ製シ、又防水「リノリユーム」擬革《ぎかく》、印刷用「インキ」「ファクチス」（桐油ト硫黄ト作用セシメテ製造スルノミニシテ、護謨《ごむ》ノ代用品タリ）等ノ製造ニ用フルニ至レリ。

桐油は明治以前に灯火用や田畑の害虫駆除用をはじめ、桐油紙・雨傘紙・提灯紙などに多く使用してきたものの、明治初期に石油が輸入されたため、灯油としての役割を終えた。もともと、これは菜種油に比べて光明が弱く、煤煙が多いという欠点があったため、年々減少する傾向にあった。その後、大正二年頃には害虫の駆除用や荷車・水車の軸に注ぐ油をはじめ、白壁や漆喰などとともに、工業用塗料「ペンキ」「ワニス」や防水用「リノリユーム」、印刷用「インキ」「ファクチス」などに使用された。工業用塗料では、船舶・飛行機・自動車などに多く使用された。このほか、油粕は田畑の肥料として取引されたものの、近世に比べてかなり低額となっていた。

明治一九年（一八八六）の『田圃駆虫実検録』および同二一年の『続田圃駆虫実検録』には、静岡県の害虫駆法について次のように記す（『明治農書全集12』）。

○メイチュウ駆除法

メイチュウ（方言ズイムシ）は稲茎の中心を食し、そのはなはだしきに至りては稲、葉ともに枯凋《こちょう》なり。この虫を駆《か》るには、およそ田一反歩につき石炭油三合、硫黄花（細末四十匁）、煤《すす》二升、木炭水《あく》一升、風呂水一斗を混合して用うるなり。またの法、石炭油五合、罌子桐油《どくえあぶら》五合、都合一升、水四十倍すなわち四斗を混和して用うべし。もっとも、一反歩につき五合より八、九合まで極度とす。それより多く用うべからず。

○螣蝗《いなむし》駆除法

螣蝗（方言ハクイムシ）は稲葉を食うなり。この虫を駆るには油を用うるをよろしとす。その法、まず田に用水を満たし、壺あるいは竹筒の中に油を入れ、竹の管にて一坪に一滴ずつ注ぎ、油液流動して水色やや光を帯ぶるを待ち、長き竹竿をもって稲葉をはらうときは、数多《あまた》の虫水面に落ちてたちまち死するなり。（中略）油の割合は、およそ田一反歩につき鯨油、白芥子油等は三合より五合まで、罌子桐、天竺桂《たぶ》油（方言こが）の類は五合より七合までを極度とす。すべていずの油も酢を加うるときはその効著しきものとす。

◯ドロムシ駆除法

ドロムシはおよそ六月上旬ころより発生して稲田を害す。ただし、日中は水底に潜伏すといえども、朝夕は稲茎を食害するなり。この虫いまだたるときは体上に泥土を負担するをもってこの名を得たるならん。これを駆除するには鯨油あるいは毒荏油、あるいは天竺桂あぶら（方言コガ）等を田面に注ぐをよろしとす。

◯大根の害虫駆除法

大根の害虫を予防するには、あせびのあるいは、梅檀《せんだん》の葉等を採り、糞窖（糞壺）中に入れおき、その腐熟せるものを元肥となし、あるいはたばこの茎の焼灰あるいは粉を、堆肥（方言げす）に混用するも可なりとす。また播種のさい、種を毒荏油あるいは石炭油に侵し木灰を衣にかけて播くをよろしとす。

明治前期には、害虫の駆除に石炭油・鯨油・白芥子油・天竺桂油などとともに桐油を使用していた。その後、明治二四年（一八九一）の『重要植物害虫要説』、同年の『病中害駆防要覧』、同二八年の『稲虫実験録』、同三一年の『浮塵子駆除予防法』、同年の『害虫駆除予防ニ関スル講話筆記』、同三六年の『除虫菊栽培法全集』、同三七年の『作物病虫害予防法』、同四〇年の『雑草』などには石油・菜種油・鯨油・魚油・木実油などを使用したと記すものの、桐油の使用はみられない。ちなみに、木実油は椿油・茶実油・白だも実油などを指す。

明治四四年（一九一一）の『千葉県産業要覧』には、千葉県の製油業について次のように記す。

多くは農家の余業として経営せらるるも、工場組織のもの数箇所あり。製品の種類は、菜種油・胡麻油・落花生油・桐油・綿種油・荏油等とす。菜種油及び胡麻油等は、維新後石油の一般に用ゐられし為め、一時衰退に赴きしが、近時諸工業の勃興に伴ひ需要増進し、落花生油は、明治十年の頃匝瑳《そうさ》郡の者、小粒落花生の製油原料として適良なるを認め製油したるに始まり、食料の外に、毛織物製造若くは石鹸原料として需要せらるるが故に産額増加せり。其の品質の優良にして産額の多量なる、多く匹《ひっ》儔《ちゅう》を見ず。

千葉県でも明治前期に石油の普及によって、桐油は菜種油・胡麻油・落花生油・綿種油・荏油などとともに減少したものの、その後諸工業の勃興に伴い諸油とともに再び増産に向かった。とくに、落花生油は年々増加し、全国第一位の生産県となった。

油桐は桐油や桐油粕のほか、その木材を下駄・木履や漆器研磨炭、樹皮を鞣革《なめしがわ》用タンニン原料や魚網染料などにも使用された。桐油粕の価格は概ね種油の二分の一であったものの、地域によって著しく差異があった。明治四五年には福井県が一〇貫一円五〇銭ほど、静岡・島根県が一円一〇銭ほど、三重県が八〇~九〇銭ほどであった。下駄・木履は福井・石川県で多く製造され、「桐下駄」「油木下駄」「山桐下駄」などと呼ばれた。これは樹皮を利用した残りの丸太材を用いて、材一〇貫から七足が作られたが、桐下駄や栓下駄に比べて少し重かった。なお、油桐材は古く箪笥長持に多く用いたが、虫が付き易い欠点があったため、明治後期からは下駄・木履や漆器研磨炭に使用されるようになった。静岡県で多く製造された漆器研磨炭は、「駿河炭」「毒荏炭」「油炭」「欅炭」などと呼ばれて各地に販売された。これは生材二〇〇貫から約一〇貫作られた白炭で、漆器研磨用として最適であったため、これ以前に用いられた朴炭に取って代わった。静岡漆器業者は、明治後期に漆器研磨炭一箱（約二斗）を金一円で年間約一三〇〇円分を購入した。

前述のように、油桐の樹皮は、鞣革用タンニン原料や魚網染料などとしても使用された。樹皮は厚いほどタンニンが多く、老木の根元ほど厚く上等であった。雌木は、一般的に雄木に比べて樹皮が厚かったという。樹皮剥職人は樹液が流動する春に油桐を伐採し、その樹皮を剥離して一日で生皮約一〇〇貫を生産した。生皮一〇貫は山元で五五銭、天日干し五~六日を経た乾皮は大阪で一円二〇銭であった。油桐一本の樹皮量は木の大小や樹形・樹齢により異なったものの、樹齢三〇年・胸高直径六寸は生皮一〇貫、樹齢四五年・直径八寸は二〇貫、樹齢六〇年・直径一尺五寸は四〇貫ほど生産できた。明治二六年(一八九三)には大阪市場で乾樹皮一〇貫が八〇~一円二〇銭であったが、同四四年には一円七〇~二円三銭で販売された。その需要は同年に八〇万貫に達したものの、国内の生産高は四〇万貫しかなく、不足分は清国から輸入した(『油桐ノ造林法並桐油ノ調査』)。

桐油は太平洋戦争中に各県で衰退し、昭和三〇年代の石油化学工業の発展に伴い、その生産が終焉した。戦後、野生化した油桐は多くが木炭に焼かれて、漆器研磨炭として利用された。前記のように、漆器研磨炭の生産量は静岡県が最も多く、これに福井・島根・石川県などが続いた。石川県江沼郡には昭和二〇年代まで「桐炭」(白炭)を製造し、山中・輪島の漆器問屋や大阪の問屋に販売する家が四戸あった。福井県三方郡では油桐畑が多く杉林となったが、温暖な海岸部では梅や水仙の栽培地に切替えられた。

おわり に

油桐は江戸時代に若越両国をはじめ、近江・出雲・石見・但馬・丹波・加賀・駿河・遠江・伊豆・安房・下総・伊勢・紀伊国などで栽培され、桐油に生産された。油桐は沿岸部や山間部の農家の副業として栽培されたものが多く、これを唯一の収穫とする農家はほとんどみられない。桐油は菜種油・荏油などとともに主に灯油や害虫の駆除油、ほかに雨合羽・唐傘・障子紙・油団などの塗料として利用された。小浜産の桐油「若狭油」は、江戸中期から藩の緩和策により領内だけでなく、大坂・江戸をはじめ、他国にも多く移出された。その生産量は諸国について解明できなかったものの、明治初期の統計資料により推測が可能である。たとえば、足羽県では明治五年（一八七二）に五二三石、敦賀県（若越両国全郡）では同六年に三〇〇〇石ほどの桐油を生産した。このとき、敦賀県には搾油職人が五四一人、酒造職人が五九四人、醤油職人が一四五人ほどいた。

桐油は明治前期まだ高水準を維持しており、福井・島根両県では菜種油の生産量を少し下回る程度であった。福井県嶺南では明治一二年（一八七九）に油桐実の生産高が五九〇三石（一万七七二〇円）、桐油が七八七石（二万四八八九円）で、農産物の総生産額（一六五万一〇一二円）の一七％を占めた。ただ、福井県嶺北では近世以来の椨油が減少し、明治中期に統計書から姿を消した。また、滋賀県（神崎・高島郡）では同一二年に桐油の生産高が二七三石で、近世以来の「海津油」の名も姿を消していた。

桐油は明治二〇年代に石油ランプが全国に普及して需要が激減したため、油桐が山畑に放棄されたり、下駄や研磨用の炭材に多く伐採されたりした。桐油は明治三〇年代から一般工業用および軍事工業用の乾性油（機械油・塗油・印刷インキ・エナメル・人造ゴムなど）として重視されたため、福井・島根・千葉・石川・和歌山・静岡・三重・滋賀・鳥取・高知・福岡・佐賀・熊本・宮崎・鹿児島県などで油桐の植栽が盛んになった。福井・島根・千葉・石川県では日本油桐とともに支那油桐を、他県では支那油桐を多く栽培した。日本油桐実は支那油桐実に比べて製油量が少なかったものの、品質がよく高価であった。

福井・島根・石川・千葉・京都・静岡・三重・滋賀などの府県では、明治期から第二次世界大戦まで油桐実・桐油を府県内だけでなく、他府県にも販売した。とくに、福井・島根両県は海運および陸運により大阪・東京・神戸・横浜・北海道などをはじめ、各都市の油商に油桐実・桐油を多く販売した。福井県では同三五年に福井市（三四〇石）、三国町（四二五石）、丸岡町（二三〇石）、河野村（五〇石）、敦賀港（六一〇石）、小浜港（七五〇石）、熊川村（二一〇石）などが陸運と海運で合計二六一五石の桐油を移出し、三国町（三〇〇石）、敦賀港（九九〇石）、小浜港（二〇〇石）などが陸運と海運で合計一四九〇石の桐油を移入した。翌年には福井市（二三〇石）、丸岡町（一二五石）、河野村（五〇石）、三国町（四二五石）、敦賀港（六五〇石）、小浜港（二二五石）などが陸運と海運で合計三六九五石の桐油を移出し、三国町（三〇〇石）、敦賀港（九五〇石）、小浜港（五五〇石）などが陸運と海運で合計一八〇〇石の桐油を移入した。移入の桐油は油桐実とともに県内産が大半を占め、県外産は少なかった。

島根県では同三九年に一四七石、同四〇年に一二五石、同四一年に二七八〇石、同四三年に一六一六石、同四四年に八五一石の桐油を移出し、同四〇年に一五〇六石、同四一年に二三〇三石、同四二年に一一〇六石、同四二年に一一九九石の桐油を移入した。石川県（江沼郡）では明治一〇年代から大正期に福井県の三国・金津・丸岡町などに油桐実を移出し、桐油を福井県嶺北から移入した。千葉県では、明治三〇年代から大正期に桐油を東京に移出した。京都府（加佐郡）では明治三〇年代から大正期に油桐実を舞鶴港から小浜港に移出し、桐油を小浜港から舞鶴港に移入した。同府は支那油桐の栽培開始が遅れたため、大正期の最盛期にも桐油の増産がみられず、大正三年（一九一四）には僅か三石の生産高であった。なお、福井・島根・千葉・石川県・京都府を除く各県は、地元であまり製油を行わず、油桐実を大阪・東京府などの製油工場に移出した。

　桐油は明治三〇年代から一般工業用および軍事工業用の乾性油として重視され、明治四〇年代〜大正期の最盛期を迎えた。桐油は成分の変化により固体となって外観が乾燥したため、亜麻仁油・荏油に比べても著しく乾燥が早かった。油桐実の生産額は大正三年に福井県が群を抜き、島根・千葉・石川・和歌山県がこれに続いていた。油桐実は昭和九年（一九三四）には全国の総生産高が一八五〇トンで、そのうち福井県が一〇五〇トン（五七％）、島根県が四九九トン（二七％）を占めていた。桐油は太平洋戦争中に衰退し、昭和三〇年代の石油化学工業の発展のなかで終焉した。最後まで生産していた福井県も昭和二〇年代に衰退し、同四一年（一九六六）に三方町の西田農協の集荷をもって終焉した。いま、福井県嶺南では山方が桐畑の多くを杉林に、浜方がその多くを水仙畑に切替えた。

　本書には、いくつかの課題が残った。まず、明治以前における桐油の生産量は、菜種油・木蝋・胡麻油・大豆油・椿油などの植物油に比べて少なかったものの、それらと十分な比較ができなかった。また、桐油の流通量はある程度明らかになったものの、その流通経路は十分に解明できず、詳細に図式化できなかった。さらに、明治以降における桐油の増産・減産や衰退の要因についても、十分に解明できなかった。これらの課題は今後、植物油だけでなく、動物油・魚油・石油などの油脂と比較検討するなかで究明しなければならない。

著者

筆者略歴
山口隆治（やまぐち　たかはる）
一九四八年、石川県に生まれる。中央大学大学院修了。
元石川県立学校教頭。文学博士（史学）。
主な著書：『加賀藩林野制度の研究』（法政大学出版局）、『白山麓・出作りの研究』（桂書房）、『加賀藩地割制度の研究』（桂書房）、『大聖寺藩産業史の研究』（桂書房）、『大聖寺藩祖・前田利治』（北國新聞社）など。
現住所：石川県加賀市直下町ニ　一四の一（〒九二二–〇八二五）

桂新書13
油桐の歴史
定価　八〇〇円＋税
二〇一七年五月二五日　第一刷発行
著　者　©山口隆治
出版者　勝山敏一
印　刷　株式会社　すがの印刷
製　本
発行所　桂　書　房
〒930-0103　富山市北代三六八三–一一
TEL（〇七六）四三四–四六〇〇
FAX（〇七六）四三四–四六一七
地方・小出版流通センター扱い
